科学城堡

老多 著　刘珈汐 绘

人民东方出版传媒
东方出版社

写在前面的话

欢迎来到老多的《科学城堡》！

科学是今天小朋友们生活中少不了的，咱们想一想，给我们带来各种便利、舒适和快乐的东西，像手机、Pad、PS游戏机，还有家里用的电视机、电冰箱、WIFI、5G网络等，都是从哪儿来的呢？这些是科学带给我们的吗？答案是肯定的。现在我们身边的方方面面是一秒钟都离不开科学的，没有科学，就不会有今天这么美好的生活。

那么，问题来了，这些为我们创造了美好生活的科学是从哪儿来的呢？总不会是从天上掉下来的吧？对，科学不是从天上掉下来的，而是从古至今、一代一代、许许多多科学家一点一滴从无到有逐渐创造出来的。

我们已经有几千年的历史，科学是从什么时候走进人类历史的呢？前面说的可以造飞机、造手机的科学，其实才不到200年的历史，在人类几千年历史中，大部分时间是没有造飞机、造手机的科学的。难道在过去几千年的历史里就一点儿科学都没有吗？不是的，在过去几千年的历史里，人类虽然还不会造飞机、造手机，但是从非常遥远的古代开始，就已经有人在思考科学问题了。

什么是科学问题呢？比如，远古时代，有一些古人站在夜空下，看着那些向我们眨眼睛的漫天星斗会想，这些繁星是从哪里来的呢？这个问题就是人类最早的科学问题。他们为什么要问这个问题呢？因为他们心里充满了对夜空、对宇宙的好奇，所以科学就开始于人类第一个因为好奇仰望星空，第一个观察宇宙、思考和提出问题的人。如今，造飞机、造手机的科学和这位人类历史上第一个因为好奇而去观察、思考、提出问题的古人息息相关。

为什么他们是息息相关的呢？因为现在可以造飞机、造手机的科学，就是从遥远的过去，从一代一代因为好奇而仰望星空的古人，从他们的好奇心、观察、思考、提出问题开始，一点一滴积累发展而来的。虽然可以造飞机、造手机的科学历史只有不到200年的时间，但是为了这些科学，人类从几千年前就开始积累知识了。历史上这些因为好奇而仰望星空、思考科学问题的人就是咱们这座《科学城堡》里最值得珍惜的宝贝。

　　那《科学城堡》里都有啥宝贝呢？这么多的宝贝大概分为两部分：一部分是来到我们身边不到200年的，可以造飞机、造手机的这些宝贝，我们把这部分叫技术的科学；另外，还有一些宝贝，叫好奇心的科学。比如牛顿的万有引力定律、爱因斯坦的相对论、宇宙大爆炸、暗物质、暗能量、黑洞等。这些科学很神奇，它们有用吗？好像没什么用。没有用怎么还有人研究呢？研究这些科学就是因为心里好奇，希望找到这些问题的答案，于是去探索、去研究，所以这样的科学就叫好奇心的科学。不过，这样的科学不是真的没用，前面说的来到我们身边不到200年的技术的科学，都来自这种"没用"的科学。假设一下，如果没有因为好奇而仰望星空，没有"没用"的好奇心的科学，就不会有今天造飞机、造手机的技术的科学。

　　科学是从很遥远的时代就有了。现在科学家们研究的宇宙大爆炸、暗物质、暗能量、黑洞等，就是来自非常遥远的时代，来自那些充满好奇心、愿意观察问题和思考问题的人，然后经过一代一代的满脑袋好奇的人不断地探索发现，逐渐积累知识发展起来的。可以说，造飞机、造手机的科学技术，就是现代科学家站在古代满怀好奇心的巨人的肩膀上，继续研究、继续探索创造出来的。

　　《科学城堡》里收藏了几千年来科学家们创造的宝贝。无论这些宝贝多么伟大，多么珍贵，都已经是过去式了。那我们的《科学城堡》里为什么还珍藏着这些宝贝呢？这是因为，虽然这些科学成就已经成为了过去式，但是科学家们探索宇宙、探索自然、创造这些科学成就的科学思想、科学精神是不会成为过去式的。科学思想和科学精神是永存的，是永恒的。所以我们的《科学城堡》不是盲目地崇拜古代，这里珍藏的不是已经成为过去式的科学成就，而是古代人留给我们的科学思想和科学精神！现在我们要学习和继承的，正是科学家们永恒的科学思想和科学精神。

　　我们也不需要过于抬高科学家，因为科学家和我们一样，都是普普通通的人。那么，都是普通人，他们是怎么成为科学家的呢？这个问题的答案就在《科学城堡》里。

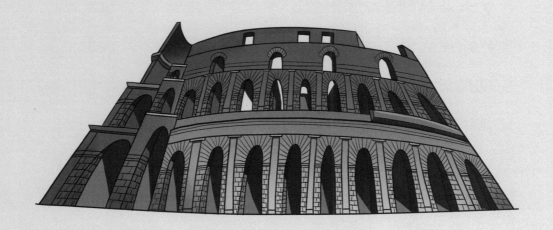

科学家之所以成为科学家，和他们的好奇心及成长经历关系很大。在《科学城堡》里，我们不但可以看到这些科学家创造的伟大科学成果，更主要的是还可以了解他们的成长经历，了解好奇心是怎么在他们的成长经历中产生的，他们又是如何因为好奇心去探索自然、探索宇宙，最后成为科学家的。我们可以看到，这些科学家有的家庭条件好，有的家庭条件不好，有的受过高等教育，有的没有受过高等教育。科学家的一些成长经历可能和小朋友们很像，甚至是一样的。当我们了解了科学家的成长经历以后，是不是可以思考一下，有着和科学家差不多成长经历的我们，要不要，或者可不可以也成为一位科学家呢？

接下来，就让我们一起走进《科学城堡》吧！

目　录

泰勒斯

点燃科学的小火苗

在 中国的西边，离我们好几千千米远的地中海边上，曾经有一个和中华文明一样有着悠久历史的古老国家，这个古老的国家就是古希腊。古希腊不是一个统一的国家，而是由许许多多自由城邦组成的。这些自由城邦最多的时候有上百个，分布在地中海沿岸，包括欧洲、亚洲还有非洲的部分地区。小朋友们如果感兴趣，可以找一张世界地图来看一看，找找古希腊在哪里。我们的故事就发生在古希腊中一个叫米利都（米利都在现在的土耳其）的城邦。

《科学城堡》的第一个故事就从公元前 624 年的米利都开始。那一年，在爱琴海东岸的米利都，有个孩子出生了，他就是后来被大家誉为西方第一位科学家的泰勒斯。咱们的《科学城堡》也有了第一个珍藏的宝贝。

多爷爷小课堂

为什么称他为第一位科学家呢？因为泰勒斯提出了一个假设：万物源于水。提出一个"万物源于水"的假设，就可以成为第一位科学家吗？这就要讲一种叫作理性思维的精神了。"理性思维"这个词小朋友们可能听不懂，听不懂也没关系，解释一下小朋友们就懂了。那啥叫理性思维呢？理性思维就是用自己的脑子想事儿。

理性思维怎么就是用自己的脑子想事儿呢？难道还有不用自己的脑子想事儿的吗？在遥远的古代，大家还真不用自己的脑子想事儿。人类发觉应该用自己的脑子想事儿的过程可耗费了人们几千年的时间呢！这是怎么回事儿呢？关于这个问题，咱们就要回到《科学城堡》建立以前的时代去寻找答案了。

如果现在的某一天发生了日食，尤其是日全食，小朋友们会非常开心。到了日食发生那一刻，小朋友们会争先恐后戴着特制的墨镜，站在空旷的地方翘首以盼，等待太阳慢慢变暗，接着天全黑了，星星都出来了。

发生日食，小朋友们为什么这么高兴呢？因为遇见一次日食挺不容易的。而且大家也知道，日食是一种自然现象，是月亮走到了太阳和地球中间，月亮的影子挡住了太阳光。但在遥远的古代可不是这样，那时候如果发生日食，大家不会高兴，不但不高兴，还会感到害怕。为什么呢？

古代人认为，日食是因为天狗把太阳吃了。你想，如果天上真有一只能把太阳吃掉的大狗，该有多可怕啊！在古代，为了让那只天狗快点儿把太阳吐出来，大家就拼命地烧香磕头，还使劲儿地敲锣打鼓，求神仙把这只天狗赶走。可哪儿来的天狗，哪儿来的神仙呢？

世界上根本没有天狗，也没有神仙，把日食当成天狗食日的行为，就是不用自己的脑子想问题的表现。那这种想法是从哪儿来的呢？是由于当时人们还不知道发生日食的原因，臆想出来的。那为什么会这样呢？

因为在遥远的古代，人们还没有任何科学知识，发生各种自然现象的原因大家都不知道。于是古时候的人就臆想出各种神怪，认为世界都被这些神怪控制着，就像日食是太阳被天狗吃了一样。所以古时候的人遇见日食，不是找个墨镜高高兴兴地抬着头观察日食，而是拼命地烧香磕头，使劲儿地敲锣打鼓，想把天狗赶快赶走。这种烧香磕头，遇事儿求神仙的表现，就是不用自己的脑

3

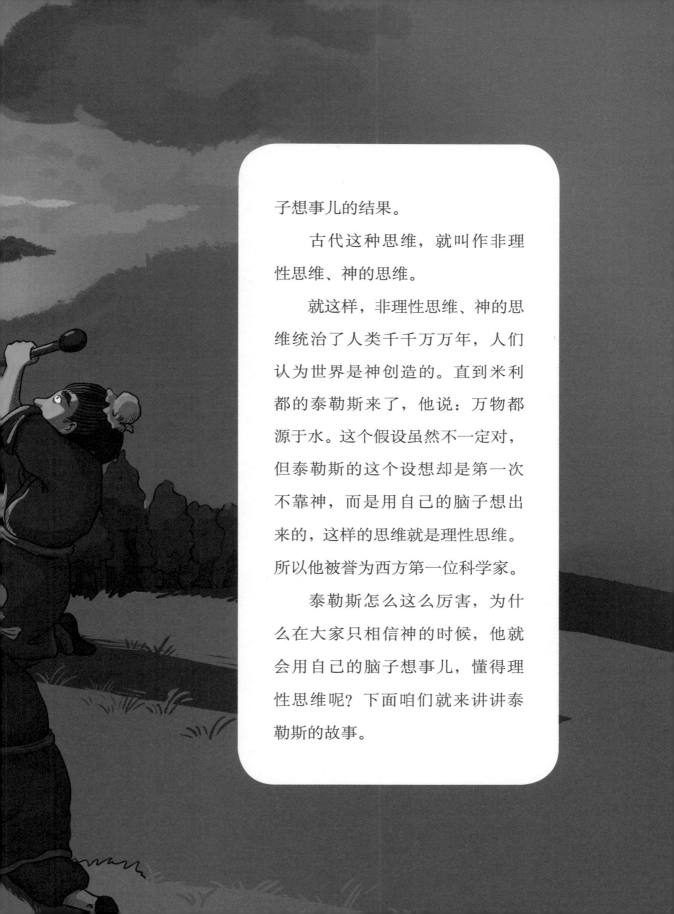

子想事儿的结果。

古代这种思维，就叫作非理性思维、神的思维。

就这样，非理性思维、神的思维统治了人类千千万万年，人们认为世界是神创造的。直到米利都的泰勒斯来了，他说：万物都源于水。这个假设虽然不一定对，但泰勒斯的这个设想却是第一次不靠神，而是用自己的脑子想出来的，这样的思维就是理性思维。所以他被誉为西方第一位科学家。

泰勒斯怎么这么厉害，为什么在大家只相信神的时候，他就会用自己的脑子想事儿，懂得理性思维呢？下面咱们就来讲讲泰勒斯的故事。

泰勒斯出生的古希腊城邦米利都，是一个港口城市，一个具有强大海上力量的希腊城邦。不过，因为泰勒斯出生的年代太久远了，他自己又没有留下只言片语，所以关于泰勒斯的故事，我们都是通过后来的学者了解到的。公元 3 世纪，古罗马有一本叫《名哲言行录》的书，这本书上比较详细地讲述了泰勒斯的故事。书上说，泰勒斯是腓尼基人，出身很高贵，是贵族的后裔。腓尼基人非常聪明，善于航海和做生意，还发明了最早的拼音文字腓尼基文。书上还说泰勒斯是第一个发现小熊星座的人。

　　小熊星座是夜空中由几颗星星组成的星座，中国把这个星座叫作小北斗。北极星就是组成小熊星座的一颗星星。自从泰勒斯发现了小熊星座，大家走夜路或者在海上航行就可以辨认方向了。当时一位诗人称赞泰勒斯：

　　他第一个观测过小熊星座，

　　依靠它，腓尼基人有如在大道上航行。

这 个故事还说明了什么呢？说明了泰勒斯爱看星星。

关于泰勒斯爱看星星，古希腊著名哲学家柏拉图还讲过一个故事：有一天晚上，泰勒斯一边抬着头看星星，一边走路，一不小心掉进一口枯井里。结果被一个女仆看见了，女仆嘲笑泰勒斯只顾看星星，不顾脚底下。柏拉图讲的这个故事说明泰勒斯的好奇心太强了，因为看星星都忘了看脚下的路。德国著名哲学家黑格尔评价说："只有那些永远躺在坑里从不仰望天空的人，才不会掉进坑里。"

从爱看星星，我们还可以发现泰勒斯的另一个特点，那就是他对大自然充满了好奇。

泰勒斯之所以会在那个遥远的时代懂得运用理性思维，根本原因就是他有好奇心。那时候大家都相信神，泰勒斯也相信神，那个时代没有完全不相信神的人。但信神的泰勒斯在好奇心的引导下，抛开神去观察世界、观察宇宙，抬起头仰望星空。在仰望星空的时候他发现，夜空中总有一组星星在闪亮。这些星星是从哪儿来的呢？大家都说是神创造的。好奇的泰勒斯没有因为"神创论"的束缚停止观察，停止思考，而是怀着好奇心继续仰望星空。看得久了，他发现这组星星无论处于春夏秋冬哪个季节，无论走在大山里，还是航行在大海上，只要天气好，每天夜里它们都会出现在夜空中，于是他把这组星星记录下来，并且命名为小熊星座。他还告诉大家，小熊星座总会出现在正北边的夜空中，如果你走夜路或者在夜晚航行，就可以根据小熊星座辨别方向。在没有指南针的时代，小熊星座对辨别方向起到了重要的作用。

泰勒斯发现，除了依靠神，我们人类也可以用自己的脑子想事儿。

泰勒斯是怎么提出"万物源于水"这个假设的呢？泰勒斯的好奇心很强，他在观察自然、观察宇宙的时候，心中产生了疑问：我们看到的万物是从哪儿来的？当时的人都认为万物是神创造的，但是泰勒斯经过观察发现，无论万物是不是神创造的，植物离开水就不会发芽，会枯萎，会死；动物和人也是万万离不开水的。于是他就用自己的脑子想，生命即使是神创造的，但什么都离不开水。所以懂得用自己的脑子想事儿、懂得理性思维的泰勒斯，提出了第一个科学的假设：万物都源于水！

除了提出"万物源于水"的假设，泰勒斯在科学上还有很多功绩，开创了很多个第一，比如他是第一个准确预测日食的人。根据现代天文学家的推算，他预测的这次日食发生在公元前585年5月28日。另外，在数学领域，泰勒斯也有过最早的贡献，那就是现在被称为泰勒斯定理的几个几何原理。这些几何定理包括：任何圆都要被直径平分、等腰三角形两底角相等、两条直线相交对顶角相等，等等。

通过上面的故事我们可以得出一个新的假设：泰勒斯"万物源于水"的科学假设，以及他所有的科学发现，都是通过好奇、观察、思考，进而产生疑问、发现问题、提出问题，最后得到的结论呢？答案是肯定的。那么，如果我们也具有好奇、观察、思考、产生疑问、发现问题、提出问题的理性思维，是不是也可以成为科学家呢？答案也是肯定的！所以说，泰勒斯是点燃人类科学创造小火苗的第一人！

另外，还有一点更为重要，那就是有了理性思维，不一定都要去做科学家，只要你拥有好奇心、懂得观察、思考、产生疑问、发现问题、提出问题的理性思维，心中有科学的小火苗，那么无论从事任何职业，你都可以成为所从事事业中的佼佼者。

亚里士多德

求知是人的本性

2

厉史的车轮滚滚向前，《科学城堡》的日历从公元前624年翻到了公元前384年。这一年，在古希腊半岛北边一个叫色雷斯的城邦，一个小男孩儿出生了。这个男孩儿是谁呢？他就是大名鼎鼎的亚里士多德。

前面我们刚提过泰勒斯，他是一位拥有好奇心、肯用自己的脑子想事儿的科学家，泰勒斯用他的理性思维打开了科学的大门，点燃了科学的小火苗。现在咱们要讲的亚里士多德，他则被称为"百科全书式的人物"。什么是"百科全书式的人物"呢？就是什么都懂，懂科学、懂哲学、懂艺术、懂逻辑学，还懂政治，总而言之，没有什么是他不懂的。这么厉害的亚里士多德，咱们是不是该好好地认识一下呢？

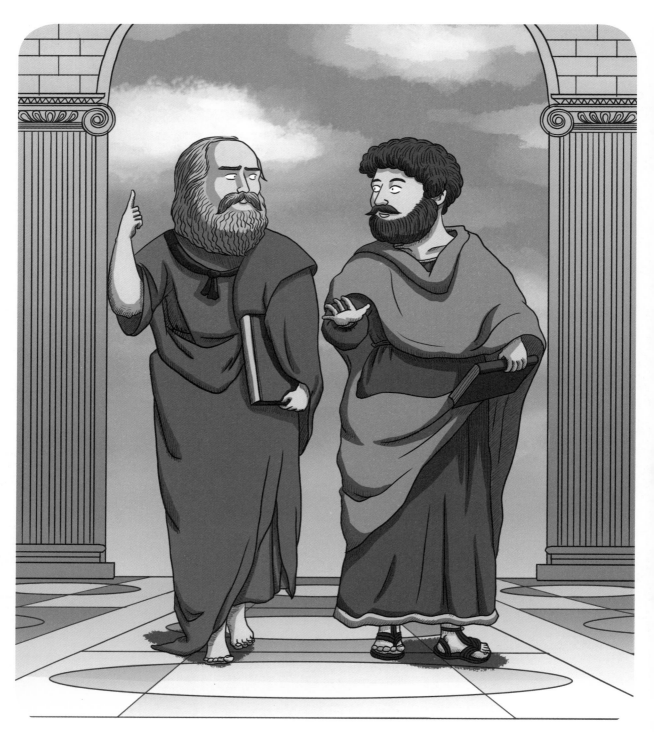

这么厉害，什么都懂的亚里士多德肯定是个神童，是个学霸吧？咱们看看是不是这样。记载亚里士多德生平最多的书还是那本《名哲言行录》。书上说，他说话有点口齿不清，还说他小腿特别细，眼睛也很小。怎么听着一点儿神童、学霸的感觉也没有呢？其实，他根本就不是神童，更不是学霸，他就是一个普通人。据说，他们家的血统来自古希腊的医药之神，这些肯定都是瞎说的，不过，他的父亲的确是马其顿国王的御医。

马其顿和色雷斯是两个古希腊城邦，都在古希腊半岛的北部。亚里士多德并没有继承父业，《名哲言行录》里记载，他 17 岁时去了古希腊的雅典，在那里他开始跟随古希腊伟大的哲学家柏拉图学习。关于这段生活经历，《名哲言行录》上说："他 17 岁就做了柏拉图的学生，跟随他，和他住在一起长达 20 年。"书里还写道："柏拉图还在世时他就退出了学园。因此，柏拉图做过这样的评论，'亚里士多德踢开了我，正如小雄驹踢开了生养它的母亲一样。'"柏拉图讲的这句话可能并不完全是在责备亚里士多德，而是说亚里士多德成长了要离开，就像小马驹总是要离开妈妈一样。亚里士多德从老师那里学到了许多宝贵的知识，是这些知识让他成了一个既懂科学，又懂哲学、艺术、逻辑学等一大堆学问的大学者。

《名哲言行录》里有一份关于亚里士多德著作的目录，从这个目录可以看到，亚里士多德这一生写了150多部400多卷著作。在这些著作里，书名和科学有关的就有好几十部，如《论科学》1卷、《论自然》3卷、《关于自然》1卷、《关于数学》1卷、《动物志》9卷、《论复杂动物》1卷、《论传说中的动物》1卷、《植物志》2卷、《关于分类》1卷、《解剖》8卷、《解剖精要》1卷、《论天文学》1卷、《论光学》1卷、《论磁体》1卷、《依据文字的物理学》38卷、《论运动》1卷、《论记忆》1卷等。看到这些，大家会不会感到很惊讶呢？亚里士多德怎么会这么厉害？大家可能会问，2400多年前的亚里士多德写了这么多书，动力是从哪儿来的呢？

亚里士多德有一部很著名的著作——《形而上学》，他在这部书里写道："求知是人的本性，我们乐于使用我们的感觉就是一个说明，即使并无实用，人们总爱好感觉，而诸感觉中，尤重视觉。"亚里士多德说求知是人的本性，是人生最重要的事情。所以他写书的动力，就来自求知的本性。那他是怎么求知的呢？他说通过感觉，尤其是视觉。啥叫视觉呢？视觉就是用眼睛看，就是观察。这是不是和泰勒斯因为好奇、观察、思考、产生疑问、发现问题、提出问题的理性思维如出一辙呢？对，是完全一样的。亚里士多德继承

了前辈的理性思想，但并没有停留在前辈那里。他曾经说过："我爱柏拉图，但是我更爱真理。"亚里士多德是站在前辈的肩膀上发展了前辈的思想，于是他明确地提出了"求知是人的本性"这个命题。

应该怎么用眼睛观察呢？咱们来读一小段亚里士多德的《动物志》。在这本书里，亚里士多德写道："构成动物的各个部分有些是单纯的，有些是复合的；单纯部分，如肌肉被分割时，各部分相同，仍是肌肉；复合构造，如手被分割时，各部分就不成为手，颜面被分割时各部分就不成为颜面，被割裂的各部分互不相同。"

从这段亚里士多德对动物结构的分析可以看出，他肯定对动物做过非常细致的观察，他发现动物的身体是由不同的部分构成的，其中有单纯的，还有复合的。比如肌肉就是单纯的，他之所

以认为肌肉是单纯的，是因为无论肌肉怎么被分割，分割以后还是肌肉。而手就不是这样，手是复合的，如果手被分割，就不是完整的手，不是手了。他做出这样的分析和判断，是通过对各种动物做出细致的观察和思考以后得出的，也就是他自己说的"而诸感觉中，尤重视觉"。据说，为了观察各种动物，他游历了地中海沿岸和各个岛屿，收集、观察、解剖、记录了许多的水生动物和陆生动物。另外，我们可以看出，亚里士多德为了证明自己观察分析以后的判断，还做过实验，比如切开不同的部分，证明哪些是完整的，哪些已经不完整了。关于这一点，《名哲言行录》中这样写道："他宣称有三样东西对于教育是不可或缺的，即自然天赋、学习和不断的实践。"

不过，话又说回来，亚里士多德终其一生研究的科学发现，在现在看来没有多少是正确的。比如，他认为世界是由土、火、气、水组成的。大家现在肯定知道，这是错误的。亚里士多德的科学发现为什么都不正确呢？这是因为人类认识自然是一个漫长的过程，在2400年前的亚里士多德时代，人类还没有多少正确的知识去认识自然。亚里士多德研究的那些问题的答案，也是最近一两百年才被科学家们基本搞清楚的。所以我们学习古人，学习亚里士多德，不是学习他在2400年前得出的结论，而是要学习他在那个时代发现自然、探索自然时的理性思维方法，以及"我爱柏拉图，但是我更爱真理"的求知精神。只有怀着对宇宙万物的好奇心，去观察、分析和判断，人类才可能逐渐揭开大自然之谜。

孩子们，在认识大自然和探索大自然的过程中不要怕犯错误，或许你们的答案开始是错的，但只要你们的思考被传递下去，后来的人就会接着你们的思考继续去研究，直到找到正确的答案。

英国著名哲学家、诺贝尔奖得主罗素曾经这样说过："自 17 世纪初叶以来，几乎每种认真的知识进步都必定是从攻击某种亚里士多德的学说而开始的。"罗素这句话就充分证明了，科学的进步不是来自 2400 多年前亚里士多德的那些结论，而是从否定亚里士多德的错误开始的。但科学的进步又是继承了亚里士多德"求知是人的本性"这一理念，继承了亚里士多德发现自然、探索自然时的理性思维方法。所以，亚里士多德"求知是人的本性"的理念才是科学真正的引路人。

另外，亚里士多德发现自然、探索自然时的理性思维方法之所以可以让几百年甚至几千年以后的学者学习和继承，有一个很重要的因素，那就是用大白话描述他玩过的事情。比如前面关于

"构成动物的各个部分"，他用富有逻辑的大白话告诉大家"有些是单纯的，有些是复合的"，然后再做出很具体的分析。这样把事情说得清清楚楚的书，任何人读了马上就可以理解，同时还会引发大家的好奇，有一种自己动手去试一试的想法。就这样，亚里士多德发现自然、探索自然时的理性思维方法，像接力棒一样一代一代传了下去。

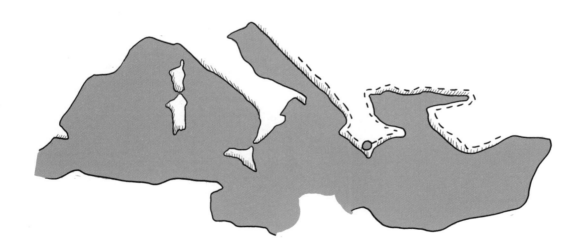

阿基米德

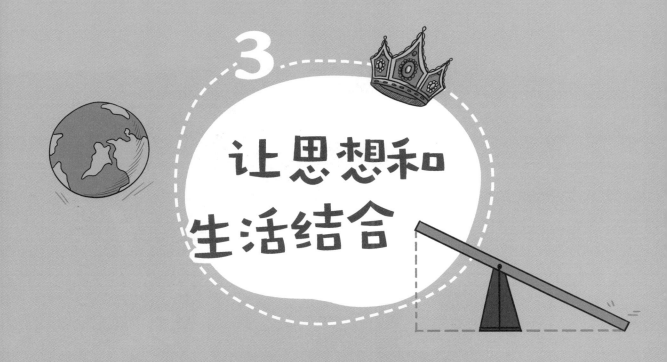

3 让思想和生活结合

在 讲这个故事以前，先来一段小插曲。前面咱们讲过了古希腊的泰勒斯和亚里士多德，其中还谈到了柏拉图。泰勒斯、柏拉图、亚里士多德，还有很多我们没有见过的人，他们都被后人称作古希腊先贤。这些古希腊先贤生活的时代，在世界历史上被称为希腊的古典时期，这个时代之后则是希腊化时期。为什么叫希腊化时期呢？这与亚里士多德还有点关系。

亚里士多德跟着柏拉图学习了20年，离开柏拉图以后，他从雅典来到他父亲做御医的马其顿。不过，他不是去接替父亲，而是给马其顿国王当宫廷教师。亚里士多德的学生里有一个人，他就是马其顿国王的儿子亚历山大。在亚里士多德的教导下，亚历山大逐渐成长为一个心中充满好奇、喜欢观察、懂得思考、非

24

常热爱希腊文化的人。亚历山大成年以后继承了王位，成为亚历山大大帝。公元前334年，亚历山大大帝率领大军出征，经过11年的征战，建立起一个横跨欧亚非三大洲的庞大的亚历山大帝国。从此，古希腊所有自由的城邦都成了亚历山大帝国的一部分，古希腊自由城邦的时代结束了。不过，从这个时代起，希腊文化也逐渐向希腊以外的欧亚非三大洲传播。战争结束以后，占领了欧亚非三大洲的亚历山大大帝的士兵，马上变成了传播希腊文化的使者，他们在当地讲希腊语，写希腊文，学习柏拉图、亚里士多德等希腊先哲的哲学和科学，盖希腊式的房子，吃希腊风味的食物，传播文化。所以，人们把这个时代叫作希腊化时期。

给我一个支点，
我可以撬动整个地球。

　　现在回到咱们的城堡。科学城堡的日历翻到了公元前287年，这时世界历史已经进入希腊化时期。这一年，有一位大科学家出生了，这位向我们走来的大科学家说过这么一句话："给我一个支点，我可以撬动整个地球。"他是谁呢？他就是阿基米德。

　　公元前287年，阿基米德出生在意大利西西里岛上一个叫叙拉古的古城。他父亲是一位天文学家和数学家，父亲的基因遗传给了阿基米德，他不但好奇心强，还特别聪明。他的家庭也很富裕，据说他们家和叙拉古国王是亲戚。11岁时，他被送到了埃及的亚历山大里亚。亚历山大里亚就是今天埃及的亚历山大城。为什么要去那儿呢？

这就是前面要讲段插曲的原因了。亚里士多德的学生，伟大的亚历山大大帝，在建立了庞大的亚历山大帝国后，没几天就暴病而死。亚历山大大帝一死，整个帝国群龙无首，于是开始分裂，帝国逐渐分成了三个王朝，其中一个叫托勒密王朝。这个王朝就在现在的埃及境内。亚历山大大帝虽然死了，帝国也分裂了，但是传播希腊文化的事业并没有停止，各个王朝还在继续传播着希腊文化。其中，托勒密王朝在埃及的亚历山大城修建了一所叫缪塞昂的学院，缪塞昂的意思是缪斯女神的宫殿。缪斯女神是希腊神话里主司艺术和科学的九位女神的总称，所以缪塞昂其实就是一个集哲学、科学、艺术等为一体的巨大的俱乐部。现代博物馆的英文名字 museum，就来自希腊文的缪塞昂。亚历山大城里的缪塞昂有教室、图书馆、动物园、植物园、博物馆、天文台，还有实验室。满脑袋好奇、智商特别高的阿基米德去亚历山大城，就是去学习的。

阿基米德到缪塞昂以后，主要是跟着欧几里得的学生学习几何学。欧几里得也是缪塞昂的著名科学家。阿基米德去缪塞昂的时候，欧几里得已经去世了，所以他是跟着欧几里得的学生学习的数学。不过，阿基米德学了没几年，就收到叙拉古国王的邀请，于是他离开了亚历山大城，回到家乡叙拉古古城。在缪塞昂的学习经历为阿基米德后来的科学发明打下了坚实的基础。

阿基米德做了什么了不起的事情呢，为什么会被后人捧上天？阿基米德最大的贡献在于，他把亚里士多德时代只为求知而没有实用性质的科学变成了可以造福人类生活的科学。他继承了希腊古典时期的理性思维和科学演绎的方法，把理性思维和科学演绎方法用在了实际生活里。

什么叫演绎呢？

演绎是哲学上的词儿，解释清楚了也没有那么难懂。演绎其实就是从一般情况到个别情况。什么叫从一般情况到个别情况呢？比如前面我们读亚里士多德的《动物志》，亚里士多德说，动物身体的结构可以分为单纯和复合两部分。单纯和复合的部分是指动物的整体结构，整体结构就是动物的一般情况。要具体地了解动物的一般情况，就要通过个别的情况去了解。于是亚里士多德就用动物身体上个别部分的肌肉和手去了解，肌肉和手就是身体的个别部分，这就是演绎。演绎是一种科学分析的方法。如何用科学的方法怎么去了解世间万物呢？最基本的方法就是把一般物体，如狮子、老虎，桌子、椅子，演绎为更具体的，比如像亚里士多德那样把狮子、老虎、桌子、椅子等事物演绎为肌肉和手，桌面和椅子腿，然后继续演绎，演绎成细胞、分子、原子。这么一演绎，科学家发现原来世间万物，无论是狮子、老虎，还是桌子、椅子，都是由原子组成的。于是原子科学就从科学的演绎中产生了。

但是亚里士多德用演绎的方法研究动物的身体结构，还有欧几里得的几何学，都没有什么具体的用处，就是因为好奇在玩。而继承了亚里士多德的理性思维和演绎的方法，学习了欧几里得几何学的阿基米德，并没有止步于亚里士多德与欧几里得那里，而是把他们的理性和科学思想用在了生活中，让没有用的理性思维和实用的科学结合起来了。这就是阿基米德的伟大之处。如今我们玩的所有一切，如《科学城堡》一开始讲的，可以造飞机、造手机的科学都是从阿基米德开始的。

下面咱们看看阿基米德都创造了什么。阿基米德说："给我一个支点，我可以撬动整个地球。"这句话说的就是阿基米德发现的杠杆原理，杠杆原理是在各种机械上应用非常广泛的一个物理学原理。通过杠杆原理，阿基米德还发现了"重心"，"重心"也是应用非常广泛的物理学原理之一。另外，阿基米德在亚历山大城的缪塞昂学习几何学，其中关于螺旋线的几何学定理，被用在了一种提水机上，这种螺旋提水机据说在埃及一直使用到20世纪。

阿基米德最著名的就是"尤里卡"的故事。据说有一次，国王请金匠打造了一顶王冠，但是他怀疑金匠掺假，于是找到阿基米德，请他鉴定皇冠是不是纯金的，前提是他不能破坏王冠。阿基米德接受了国王的请求。可是他整天苦思冥想，还是想不出鉴定的办法。人们都说机会是留给最勤奋、最努力的那个人的。果然有一天，一件小事激发了阿基米德的灵感。这天，仆人叫他去洗澡，刚巧这次仆人把水放得太满了，阿基米德一进浴缸，水立刻溢了出来。他盯着这些溢出来的水，突然灵光一闪，不顾一切地冲出浴室，嘴里还大喊着："尤里卡，尤里卡。"尤里卡是希腊语"我发现了"的意思。这是怎么回事儿呢？原来他找到了

鉴定皇冠的办法。从浴缸里溢出来的水和阿基米德是同体积的，如果把进入浴缸的阿基米德换成皇冠，那么从浴缸里溢出来的水和皇冠便是同体积的。称量和溢出来的水同体积的黄金，再和皇冠做比较，就可以知道皇冠是不是纯金的了。这就是著名的"尤里卡"的故事。后来，阿基米德通过浴缸的事儿总结出了静力学中一个非常重要的定律——浮力定律。

英国著名科学史家丹皮尔说："把这两种科学放在坚实基础上的第一人是叙拉古的阿基米德。"丹皮尔所说的两种科学，就是"没有用"的好奇心的科学和与人们生活息息相关的技术的科学。阿基米德在希腊化时期，把"没用"的好奇心的科学与实用的可以造福人类的技术的科学结合在一起了。

恺撒

4

从日历到半圆形屋顶

阿基米德晚年，他的老家叙拉古和罗马共和国闹翻了，罗马共和国派大军进攻叙拉古。为了保卫家园，阿基米德设计了很多巧妙的守城武器对付罗马军队。军民坚守了三年之后，叙拉古古城还是被罗马军队攻陷了。罗马军队的统领知道城里住着伟大的阿基米德，他命令自己的士兵不许伤害阿基米德。但士兵也不清楚谁是阿基米德，结果阿基米德还是被一个士兵杀害了。统领知道以后大怒，把这个士兵作为杀人犯处决了。统领为阿基米德举行了隆重的葬礼，在墓碑上根据阿基米德的遗嘱，刻了一个圆柱体内切圆的图形。人类历史随着阿基米德的去世，从希腊化时期来到了罗马帝国时代。

在希腊古典时期，罗马是古希腊的一个自由城邦，到了希腊化时期，罗马的势力不断壮大，从一个城邦变成共和国。攻打阿基米德老家的就是罗马共和国的军队。经过 200 年的征战，罗马共和国的大军已经占领了大部分亚历山大帝国曾经占领的地区，成为当时世界上的超级大国。

罗马人和希腊人的性格不太一样，希腊人喜欢自由，喜欢玩求知，玩纯粹的知识，不太关心知识有没有用。而罗马人讲究秩序，喜欢玩应用技术，玩实用科学。罗马人遵守秩序，做事一丝不苟。罗马之所以可以攻占亚历山大帝国曾经占领的几乎所有的地区，靠的就是他们骁勇善战、讲究铁律的军队，所以讲秩序是罗马人的头等大事，这一铁律为后来罗马帝国的建立打下了坚实的基础。

公元前 100 年，一个叫恺撒的人出生了，恺撒是谁？他是罗马共和国最后一任执政官，也是第一任罗马帝国皇帝屋大维的舅公。恺撒是从罗马共和国走向罗马帝国关键性的人物，他的父亲曾经做过罗马共和国的财务官和大法官。恺撒从小身体健壮，喜欢运动，是骑马、剑术的高手。他好奇心很强，并且酷爱希腊文化，很早就开始参与政治活动。公元前 60 年，他被选为罗马共和国执政官，从此开始了他征服世界的征程。公元前 58 年—公元前 49 年，罗马共和国军队征服了高卢（也就是现在的法国），以及阿尔卑斯山和莱茵河流域（现在的瑞士、奥地利、荷兰等国），公元前 54 年征服了英伦三岛（也就是现在的英国和爱尔兰），接着，回师向南征服了西班牙和古希腊，公元前 48 年，罗马共和国军队跨越地中海征服了埃及。在征服埃及的战争中恺撒做了一件坏事，攻打埃及亚历山大城的时候，他的舰队把亚历山大图书馆烧毁了。亚历山大图书馆就是前面讲的缪塞昂的图书馆，据说里面曾经藏了几十万册书。大火烧了几十天，烧毁了大量希腊著作。

热爱希腊文化的恺撒，在征服世界后并没有抛弃希腊精神，而是继续传播希腊文化。虽然他玩的和希腊不太一样了，但也玩出了不少有意思的事情。其中对世界影响最大的事是，他制定了一种影响到今天的历法——儒略历，也就是我们现在用的公历的前身。

恺撒为什么要玩历法呢？就是为了秩序和实用。前面讲了，罗马打了几百年的仗，让自己成为地中海乃至整个欧洲、亚洲和非洲的霸主。地盘大了，想传达命令就难了。那时候没有电话，更没有网络，并且欧洲各个地方用的历法还不一样，有的用希腊的阴历，有的用埃及的太阳历。

例如恺撒下达一道法令，说 8 月 1 日星期天要开个会。可是各地使用的历法不一样，罗马的日历是 8 月 1 日，西班牙、埃及的日历可能不是 8 月 1 日，怎么办呢？

恺撒找来天文学家一起商量，天文学家认为希腊的阴历不如埃及的太阳历准确，建议统一使用埃及太阳历，但要做一些调整，因为埃及的太阳历也不够准确。埃及人算出来一个太阳年是 365 又 1/4 天，他们的日历是每年 12 个月，每月 30 天，然后还有 5 天的节日，这样一年一共是 365 天。这和一年 365 又 1/4 天还少了 1/4 天，埃及人才不管这些，就这么用着。恺撒找来的天文学家知道埃及太阳历有这个问题，他建议恺撒，每年还是 365 天，这样一年不是少 1/4 天吗？然后每过 4 年加一天，加一天的那个月叫闰月，这样就把每年少的 1/4 天补齐了。恺撒一听，这个主意太妙了，就这么办！于是从公元前 45 年 1 月 1 日开始，罗马帝国开始使用这部被改造过的埃及太阳历。因为恺撒的名字叫儒略·恺撒，所以这部历法就叫做儒略历。

多爷爷小课堂

什么是阴历和太阳历呢？人类在很早的时代就懂得用观察太阳和月亮的方法来计算年、月、日，慢慢地就有了历法。历法就是咱们现在用的，告诉咱们今天是×年×月×日，哪一天是国庆节、端午节、教师节，哪一天是母亲节、父亲节的日历。古希腊的历法是以月亮为标准计算的，古人把月亮从一个满月到下一个满月，叫作一个月或者一个太阴月。一个月是29天或者30天，每年12个月，这就是古希腊的阴历或者太阴历。古希腊这种看月亮的历法大概产生于4000年前。而人类有记录，最早开始使用的历法是埃及的太阳历，大约开始于5000年前。

什么是太阳历呢？埃及的历法也是将月亮从一个满月到下一个满月的时间作为一个月。但是埃及还有个特点，那就是尼罗河每年都要泛滥一次。泛滥的河水会带来大量富含营养的泥沙，水逐渐退去以后，农民就在退去水的尼罗河河滩上种植粮食，然后收获。于是埃及人根据这个情况，把一年分为洪水期、退水期、收获期三季，每一季正好包括四个太阴月，这样一年三季，每季四个月，也是 12 个月。不过埃及人发现一个问题，洪水期、退水期、收获期三个季和 12 个月的时间有偏差，12 个月加起来和三个洪水期的时间总会差几天，这怎么办呢？埃及人有办法。天狼星每年有一段时间会消失在夜空中，然后在某一天日出前会出现在东方的地平线上。这种现象叫作天狼星"偕日升"。每次天狼星"偕日升"时，大概是每年的 2 月，而这时恰好就是洪水期来临的时候。于是聪明的埃及人就参考每年天狼星"偕日升"和 12 个太阴月，计算出一种既看月亮也看太阳的历法——埃及的太阳历。其实太阳历是既看月亮又看太阳的阴阳历。

为什么说儒略历一直影响到今天呢？儒略历从公元前 45 年用到了公元 1582 年时，时间又不对了，比实际的时间多了差不多 12 天半。以夏至这天为例，每年的夏至一般都是在 6 月 21 日或 22 日，多了 12 天，夏至就跑到 7 月 3 日或 4 日了。原来，当初埃及人算出来的一个太阳年是 365 又 1/4 天，这个数字还是不精确，实际的太阳年是 365 又 1/4 天，还多个零头，零头是 0.0078 天。所以在儒略历用了 1582 年以后，每年多的 0.0078 天加起来，就多出来了 12 天。于是在公元 1582 年，一个叫格里高利的罗马教皇又请天文学家把儒略历做了进一步的修正，修正以后的历法，就变成了我们现在使用的公历。

除了儒略历，罗马帝国在人类历史上还有很多非常棒的贡献，其中最主要的是古罗马建筑。比如现在在意大利、西班牙、法国等国家的山林原野上，还可以看到用石头修建的引水渠。这些引水渠全长上千千米，完全用石头修建。巧妙地运用了虹吸原理的引水渠，可以让水位提高20米，翻山越岭，在崇山峻岭中伫立两千年不倒。这就是罗马帝国继承并且发展了希腊的理性思维精神，把希腊追求求知的科学和几何学，以创新的方式应用在实际生活中的一大杰作。

小朋友如果去欧洲旅行，就可以去参观这些杰作。

在建筑方面，古希腊的建筑以廊柱为主，罗马在这个基础上做了创新，使得罗马建筑更加雄伟坚固，也因此留下了很多著名的建筑。例如建于公元82年—公元90年，占地20 000平方米，高57米，可以容纳20 000人的罗马

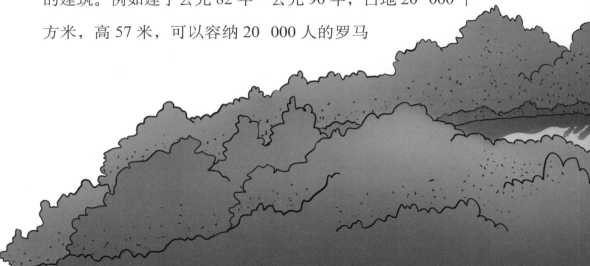

斗兽场，还有初建于公元前 27 年，于公元 117 年重建的，带有一个直径为 43 米半球形屋顶的罗马万神庙等。这些建筑之所以能屹立 2000 年不倒，还靠罗马人的另一项贡献——罗马砂浆。这是一种可与现代水泥媲美的、由火山灰沙子等材料混合而成的混凝土。

这就是以恺撒为代表，讲究秩序，喜欢玩应用技术，玩实用科学的古罗马人对人类做出的贡献。

罗吉尔·培根

5

冲出黑暗去追光

历史的车轮继续向前，从希腊古典时期走到了希腊化时期，又从希腊化走到罗马帝国，欧洲此后进入了所谓的黑暗的中世纪，而《科学城堡》的日历也翻到了公元 1214 年。

这一年在英国有个孩子出生了，他的名字叫罗吉尔·培根。罗吉尔·培根是谁呢？

罗吉尔·培根被称为中世纪最后一位学者、文艺复兴第一位学者。中世纪是什么样的呢？其实中世纪不是一个世纪，而是一个延续了 1000 多年的时代。前面我们讲了，历史从希腊的古典时期来到希腊化时期，又从希腊化时期来到了恺撒开创的罗马帝国时代。这几个时代加起来差不多是 1200 年（公元前 6 世纪到公元 6 世纪）。这段时间的特点是，由《科学城堡》珍藏的第一

个宝贝，泰勒斯开创的抛开神的理性精神一直贯穿着这些时代，大家在这些时代里玩得不亦乐乎。

罗马帝国建立不久，就发生了一件事，基督教来了。基督教来了之后不让大家玩了，因为基督教是信神信上帝的。刚开始基督教的影响并不大，但几百年以后，罗马帝国从强盛逐渐走向了衰落，终于有一天，罗马帝国的皇帝也皈依了基督教，统治欧洲的罗马皇帝让位给了基督教教皇，于是基督教统治下的欧洲再也不能随心所欲地玩了。许多研究希腊哲学和科学的学者带着书逃到了中东和阿拉伯，从此欧洲人告别了古希腊，告别了希腊的理性精神。后来历史学家就把公元6世纪到16世纪这1000年左右的历史，叫作黑暗的中世纪。

不过，在这1000年左右的时间里发生了两件事，却奇迹般地让欧洲渐渐走出了黑暗的中世纪，重新走近了科学。是哪两件奇迹般的事呢？

第一件事就是基督教的修道院。大概从6世纪开始，在意大利最先出现了修道院。修道院是基督教信徒们一起修行的地方。只不过基督教的修行和佛教、道教不一样，他们所谓的修行不是打坐、念经，而是从事各种生产活动，还研究神学。修道院有田地、畜牧场，有磨坊、铁匠房、菜地、地窖。生产的各种物品除了修道院自己用，还可以拿出一部分分发救济周围的穷人。

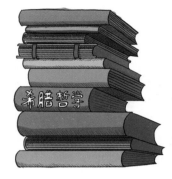

神学不只是念《圣经》，基督教徒还要用当时大家都认可的知识，包括科学知识证明神和上帝的存在和伟大。什么是大家都认可的知识呢？那就是当时人们掌握的各种常识，像什么东西可以吃，什么不可以吃，什么是甜的，什么是苦的，另外还有数学、几何学，以及现在的物理、生物、化学常识，比如牲畜吃什么草可以防止生病，在多高的温度下铁会融化，如何用海水或盐矿造盐。这些常识都和实际生活、生产劳动息息相关，与神和上帝一点儿关系都没有。因此，修道院的生产和神学研究虽然离不开神，离不开上帝，但是用来论证的数学、物理、化学和生活常识等知识，不但和神与上帝毫无关系，而且还需要理性思维。在欧洲还没有大学的时代，修道院就像一所所自力更生的大学，纷纷在欧洲建立起来。尽管中世纪很黑暗，但因为修道院的存在，使得大家对数学、物理、化学等知识的学习和探讨没有停止。在黑暗的中世纪，古希腊虽然被大家逐渐遗忘了，但是古希腊的理性精神却悄悄地保留在修道院的神学研究里。

第二件奇迹般的事是 11 世纪到 13 世纪欧洲骑士的东征。

这个奇迹发生的原因在于耶路撒冷。耶路撒冷是一个奇妙的城市，犹太教、基督教还有伊斯兰教都认为它是自己的圣城。原本三种宗教在耶路撒冷相安无事，大家各自信奉着自己的神。但

到了 11 世纪，有一位阿拉伯君主不愿意其他人和自己信仰不一样的神，于是他要把伊斯兰教以外的其他两种宗教赶出耶路撒冷。这下可激怒了基督教徒，于是愤怒的欧洲骑士们开始了一场近 200 年的战争。在这场大战中，骑士们无意中干了一件好事，就是将大量的古希腊典籍带回了欧洲。这些典籍都是 6 世纪从欧洲逃到中东和阿拉伯的希腊学者留下的瑰宝。十字军带回欧洲的古希腊典籍，让已经完全忘记了希腊的欧洲人惊讶地发现，原来欧洲还曾有过柏拉图、亚里士多德这样伟大的先哲，还曾经拥有过如此灿烂的希腊文化。于是，欧洲人已经完全忘记的希腊精神被重新带回了欧洲。

修道院和 11 世纪到 13 世纪欧洲骑士的战争，促使了一个伟大时代的到来，这个时代就是文艺复兴时代。那什么是文艺复兴呢？前面咱们讲过，在古希腊的泰勒斯出现以前，人们都相信神，泰勒斯是用自己的脑子想事儿的，具有理性思维的第一个科学家。但是公元 6 世纪，基督教统治欧洲后，理性思维退出了舞台，欧洲又回到了神的思维时代。文艺复兴让欧洲从神的思维中走出来，重新走进理性思维，所以称为复兴。要复兴就要对神的思维做出批判，所以让欧洲走向文艺复兴最重要的就是批判思维。而罗吉尔·培根就是欧洲最早举起批判思维大旗的人，他也是《科学城堡》里的宝贝。

1214 年，罗吉尔·培根出生在英格兰一个贵族家庭。他从牛津大学毕业以后，在学校当了几年老师，然后又到巴黎大学学习文学，取得文学硕士学位以后，又在巴黎大学当文学老师。在巴黎，他加入了一个天主教修士的组织——方济各会，然后回到英国牛津，做起了方济各会修士。

罗吉尔·培根是个好奇心特别强、喜欢玩的人，被人称为"奇异博士"。他回到英国的修道院，自己花钱建了一个实验室，用来玩各种稀奇古怪的物理实验和化学实验，还有当时特别流行的炼金术。受前面讲的战争的影响，13世纪时，人们已经可以从大量古希腊的著作中读到亚里士多德的书。不过，在那个时代，亚里士多德的理论是用来证实上帝和神的存在，证实上帝伟大的，所以亚里士多德的所有理论也和《圣经》一样，都是不容置疑的绝对真理。可心里充满好奇的罗吉尔·培根不这么想，他对亚里士多德的理论产生了怀疑，于是他做了大量的实验去证实亚里士多德的理论对不对。他是怎么做的呢？比如自己去河里抓一条鲟鱼回来看看，验证亚里士多德的书对鲟鱼的描述是否准确。他亲自动手解剖、做实验，并用自己发明的放大镜仔细观察。结果罗吉尔·培根发现，亚里士多德书中的很多理论是错误的！

现在我们都知道，罗吉尔·培根的做法完全是正确的，但在那个大家都坚定地相信神的时代，其他学者对罗吉尔·培根的做法不但不赞成，反而感到非常害怕，他们觉得罗吉尔·培根的行为是在亵渎神灵！于是严禁他做实验、做研究，甚至把他关进监狱。幸运的是，罗吉尔·培根的想法得到一位教皇的认可，教皇让罗吉尔·培根把自己的想法写下来。于是罗吉尔·培根写了三本书——《大著作》《小著作》《第三著作》。在这三本书里，他提出了著名的"人之所以犯错的四种原因"的论断：

第一，过分相信权威；

第二，习惯；

第三，偏见；

第四，对自己知识的自负。

好奇心促使罗吉尔·培根对亚里士多德的理论做出了批判，

在批判中，他对亚里士多德的理论产生了质疑。而批判和质疑就是文艺复兴运动想要复兴的希腊精神，所以罗吉尔·培根是文艺复兴开始之前第一个举起批判思维大旗的人。

但罗吉尔·培根没有赶上那个充满阳光的文艺复兴时代。在那位欣赏他的教皇死后，他就被关进监狱，出狱后不久就去世了。罗吉尔·培根的好奇、批判和质疑的精神并没有随着他死去，而是化作一粒种子，悄悄地生根发芽，而这粒种子发芽的时候，文艺复兴兴起了。

罗吉尔·培根用他的好奇，用自己的脑子去判断事物，对权威的质疑和批判精神，为大家打开了独立思考的大门，为后来欧洲文艺复兴运动的到来和科学革命的到来奠定了基础，在人类科学发展史上留下了浓墨重彩的一笔！

达·芬奇

6

艺术和科学是兄弟

黑暗中的罗吉尔·培根用好奇心、理性思维和批判精神种下的种子,在100多年以后发芽了,伟大的文艺复兴运动兴起了。

文艺复兴运动中出现过很多杰出的人物,比如伟大的文学家但丁、薄伽丘,还有文艺复兴三杰米开朗基罗、拉斐尔、达·芬奇,等等。其实文艺复兴运动中不只有这几位杰出人物,他们只是众多杰出人物里的代表,是文艺复兴的巨匠。文艺复兴时代的巨匠,和过去的泰勒斯、亚里士多德有什么不一样吗?

文艺复兴巨匠中，我们最熟悉的就是达·芬奇了。

达·芬奇出生在意大利佛罗伦萨一个叫托斯卡纳的小镇，这个小镇现在叫芬奇镇。他出生于儒略历的 1452 年 4 月 15 日，是文艺复兴三杰里岁数最大的一位。提到达·芬奇，大家首先想到的就是《蒙娜丽莎》和《最后的晚餐》两幅名画，但令人想不到的是，达·芬奇还设计过直升机、飞艇、降落伞、装甲车、自推车、机关枪、巨型弩等；他还是建筑设计师，城市规划师；还玩人体解剖，据说在教皇还不允许医生对人体进行解剖的时代，达·芬奇就解剖了 30 具尸体，并精心地绘制了 700 多幅人体解剖图。

达·芬奇这么厉害，好像没有他不会的事情。他之所以这么厉害，就是因为他的好奇心和他心中的理性精神与批判精神。在黑暗的中世纪，人们的思维从古希腊的理性思维又退回到神的思维里，文艺复兴将希腊精神复兴。文艺复兴的巨匠达·芬奇除了不再用神的思维去看待一切，也不再把亚里士多德的理论用在证明上帝的存在和证明神的伟大上，而是继承了亚里士多德用自己的眼睛去观察、去想事儿的理性思维。所以，达·芬奇没有让亚里士多德错误的结论限制和阻碍自己观察和思考，而是站在亚里士多德巨人的肩膀上继续前进了。那么，达·芬奇作为一位伟大的画家，他画画用上了什么科学知识呢？我们来看看达·芬奇的名作《最后的晚餐》就知道了。

《最后的晚餐》这幅画的题材来自《圣经·马可福音》里的一个故事，说的是在犹太教的逾越节，耶稣带着他的12个门徒来到耶路撒冷。犹太教的祭司长想用诡计捉拿耶稣，然后杀害他。耶稣的一个门徒犹大偷偷跑到祭司长那里说："我如果出卖耶稣能给我多少钱？"祭司长答应给犹大30个银币。于是他告诉祭司长，在逾越节晚餐上他亲吻的那个人就是耶稣。达·芬奇这幅画画的就是晚餐的场景。在逾越节的晚餐上，耶稣对12个门徒说："我实话告诉你们，你们中有一个人出卖了我！"画上表现的就是这12个门徒听见耶稣的话后表现出来的震惊、愤怒、激动或紧张的神情。

曾经有很多画家以《圣经·马可福音》的故事为题材，画过画。那为什么达·芬奇画的这幅作品举世闻名呢？这就和达·芬奇在画中运用的科学知识有关了。

达·芬奇画这幅画的时候，用了透视法。什么是透视法呢？它产生于光学和几何学原理。所谓透视，就是眼睛看东西时近大远小的现象，近处的物体显得大，远处的物体显得小，而且越远会越小，直至消

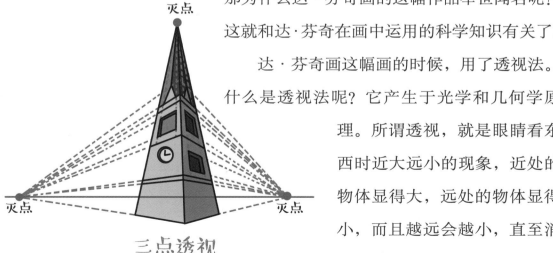

三点透视

失。如果用图来表现透视，物体消失的那个点叫灭点，则所有物体都从灭点开始逐渐扩大，或者所有的物体向灭点缩小。利用透视法绘画来表现物体，物体就会在二维平面的画上产生近乎三维的立体感。达·芬奇《最后的晚餐》这幅画的灭点在整幅画的正中间，达·芬奇用透视法画的耶稣和 12 个门徒吃饭的房间，房间后面的物体向灭点逐渐缩小，这样就把前面坐着的耶稣和 12 个门徒突显出来。再加上他又运用了明暗对比的手法，让人物处在最亮的地方，其他地方逐渐变暗，这样人物不但突出，还变得更立体了。达·芬奇能够运用透视的灭点和对明暗的处理，靠的就是物理光学和几何学的功底了。所以达·芬奇这幅《最后的晚餐》不但是绘画上的杰作，还在科学领域有一定的意义。

那么作为一个画家，文艺复兴的巨匠达·芬奇是怎么对基督教神的思维做出批判的呢？他对中世纪基督教神的思维的批判也可以从他的另一幅画里看到。哪幅画呢？就是著名的《蒙娜丽莎》。

看过《蒙娜丽莎》你会发现，这幅画画的就是一位很普通的妇人的半身坐像。这么一幅画怎么就对基督教神的思想做出批判了呢？我们来分析一下。不知大家听过没有，很多人都在猜测达·芬奇这幅画里的两个神奇密码：一个是蒙娜丽莎的微笑，大家都觉得蒙娜丽莎的微笑很神秘；另一个密码是，蒙娜丽莎是谁？有人说蒙娜丽莎是一位商人的妻子，有人说是达·芬奇的妈妈，还有人说是达·芬奇自己。我们虽然不知道这两个密码的答案是什么，但我们可以知道，这两个密码与蒙娜丽莎有关，与达·芬奇画画时的现实情况有关。和现实情况有关就意味着和神无关，而中世纪的艺术都是赞美神、赞美上帝的。基督教认为神的存在是永恒的，所以神没有时间概念，因此中世纪的画家是不可以画有时间概念的人间生活和事物的。家里的墙上可以挂神的画像，绝不能挂爷爷奶奶的画像。而达·芬奇抛弃和批判了艺术中神的思维，他画了商人的妻子或自己母亲，甚至可能是他自己。于是，达·芬奇改变了只能画神的限制，这样一幅带着人间神秘微笑的妇人画像，开创了伟大的现实主义艺术。这就是达·芬奇的批判精神。

另外，作为文艺复兴的巨匠，达·芬奇还有一项重要的贡献，那就是他把艺术和科学结合起来了。从文艺复兴运动开始，艺术和科学变成了"兄弟"。而艺术和科学的结合，也可以从达·芬奇的一幅画中看出来，哪幅画呢？就是《维特鲁威人》。

《维特鲁威人》是一幅素描，看上去挺平常的，就是一个男人在同一个位置上，摆出了"十"字型和"火"字型两种姿态，这两种姿态分别被置于一个矩形和一个圆形里。艺术和科学是怎么结合的呢？前面我们已经讲过，达·芬奇在教皇不允许医生解剖人体的时候，开始做解剖实验。他在笔记里写道："为了获得更为准确系统的知识，我已经解剖了十多具尸体，剖开所有部位，甚至连静脉周围最细小的肌肉组织也不会放过。"因为做过人体解剖，达·芬奇对人体的结构、比例都相当了解。怎么证明他对人体结构很了解呢？从《维特鲁威人》这幅画就可以看出来。这幅画的人体虽然只是素描，但结构、比例和肌肉的分布等，都和真实的人一模一样。另外，画中摆出"十"字型姿态的人被放在一个正方形中，说明人伸开手臂的宽度等于他的身高。如果仔细观察另一个被放在圆中，摆出"火"字型姿态的人，会发现他的肚脐就是圆心，而他的两腿之间会形成一个等边三角形。真实的、比例匀称、健美的人体结构就是这样的比例关系。

所以，达·芬奇的《维特鲁威人》不但结合了医学解剖学，还结合了数学中的几何学。就这样，文艺复兴巨匠达·芬奇以批判思维、现实主义的态度，开创了人类艺术的全新阶段。

哥白尼

7 把地球从宇宙中心挪开的人

我们接着讲天文学和天文学家的故事。

天文学是怎么产生的呢？现在到了晚上，城市里灯光很亮，看不到什么星星。想看星星，要去离城市很远的旷野里才行。但这样的情况在人类几千年的历史长河里，只有不到100年甚至更短的时间。在人类历史更长的时间里，城市里没有灯光，甚至根本找不到灯。天一黑，璀璨的漫天星斗就会出现在夜空中，想不看都不行。从遥远的古代开始，就有很多和前面讲过的泰勒斯一样，心里充满好奇的人，只要不是阴天，这些人就会每天晚上站在夜空下看星星，观察日月星辰的变化。慢慢地，看得多了，看得时间长了，天文学就在这些满脑袋好奇的人的观察和思考中产生了。

还记得前面讲过的，2600年前古希腊先哲泰勒斯，因为看星星不小心掉进枯井的故事吗？这位因为看星星不小心掉进了枯井的泰勒斯，是第一个发现小熊星座、准确地预测了日食的人。其实人类在比泰勒斯更早的时代，就有很多心怀好奇的人在看星星，研究宇宙的奥秘，他们就是人类最早的天文学家。自古以来，好奇的天文学家们，包括前面讲过的泰勒斯、柏拉图、亚里士多德等，将发现的关于天文学的知识逐渐积累、总结，于是有了最早的天文学理论。当历史来到公元150年左右时，一位大天文学家来了，他就是来自亚历山大城缪塞昂的托勒密。托勒密总结了前辈们还有他自己的天文学理论，写成了一部当时天文学的集大成之作《至大论》。

在《至大论》里，托勒密告诉大家，宇宙就是一个大球，地球在宇宙的中心，所有会动的星星，包括太阳、月亮、水星、金星、火星、木星和土星都以正圆形，一层一层地围绕着地球等速旋转，不会动的恒星在最外面一层，恒星以外就是上帝住的地方了。托勒密给大家描绘的这个宇宙图景，就是著名的"地心说"。"地心说"的理论从希腊时代、罗马时代到整个中世纪，都是最权威的天文学理论。在中世纪，"地心说"、《圣经》和亚里士多德的理论一样，都变成不可怀疑、不可改变的唯一真理。

地球

水

日

月

金

木

火

土

　　时间很快来到了文艺复兴时代，这时又有一位伟大的天文学家出现了，他就是哥白尼。

　　哥白尼于 1473 年 2 月 19 日出生在波兰托伦市的一个富人家庭。他 10 岁时，父亲就去世了，父亲去世以后他跟着舅舅一起生活，舅舅是当地著名的大主教。18 岁的哥白尼在波兰的克拉克大学学习医学、神学，毕业以后他来到全世界最古老的大学——意大利的博洛尼亚大学，学习法律、医学、神学。那时候去任何大学学习，都要学习神学。

哥白尼从小就喜欢看星星。哥白尼的哥哥看哥白尼总爱盯着天空，觉得很奇怪，就问他："你为什么总是对着天空发呆呢？是在向天主祈祷吗？"哥白尼说："我在观察天象。"他哥哥说："什么？你要管天上的事儿？那是上帝管的事，你怎么能管？你不听我的，这辈子有罪受了。"从这个小故事可以看出，哥白尼生活的时代，人们还都认为天上的事儿都归上帝管，谁要是去研究天文学，那就是亵渎神灵，这辈子有罪受了。

不过，爱看星星的哥白尼运气好，他在意大利博洛尼亚大学学习期间遇见了一位恩师——博学的杰出学者诺瓦拉。在诺瓦拉那里，哥白尼学习了天文观测技术，并且了解了希腊的天文学和托勒密的《至大论》。回到波兰以后，他一边行医，一边在教堂做教士，还一边看星星。在看星星的过程中，哥白尼发现了托勒密宇宙理论的问题，由此产生了一些疑问。他发现了什么问题、产生了哪些疑问呢？

托勒密的"地心说"有两个重要的观念：第一，地球是宇宙的中心，地球是静止不动的；第二，宇宙是一个大球，大球的中心是地球，所有的行星一层一层地围绕地球转，最外层是不动的恒星。当时人们认为一共有七颗行星，分别是太阳、月亮、水星、金星、火星、木星和土星。

哥白尼也是根据这两个基本观念去看星星，去观测和计算的，但慢慢地，他发现了问题。哥白尼首先对地球是静止不动的这一观念产生了疑问。他怎么发现的呢？他发现恒星在动。根据托勒密的理论，地球和恒星都是静止不动的，但哥白尼通过观察发现恒星在动。现在如果夜里天气好，我们可以看见北斗七星，北斗七星都是恒星。按照托勒密的理论，北斗七星是不动的，但是如果每隔几个月看北斗七星，就会发现北斗七星明显在移动。对于北斗七星的移动，中国古代有句俗语："斗柄指东，天下皆春；斗柄指南，天下皆夏；斗柄指西，天下皆秋；斗柄指北，天下皆冬。"这句俗语说明，北斗七星会在不同的季节指向不同的方向，所以北斗七星在动。哥白尼认为看上去在动的恒星，证明了地球在动，在自转。他的观察对托勒密一千多年的理论提出了质疑，不过有些问题哥白尼当时还解释不了。例如，如果地球在自转，而且是高速地自转，我们为什么不会被甩出去，甚至根本感觉不到地球在自转呢？这个问题在哥白尼的时代还找不到答案，问题的答案要等到牛顿力学出现才能解释得通。

哥白尼的可贵之处在于，他敢于对过去的观念提出质疑和批判，在质疑和批判中发现问题，尽管当时还解释不了他提出的问题。

现地球在自转，哥白尼的好奇心更强了，他继续观测星空。经过长期的观测，哥白尼又产生了一个疑问。这个疑问来自一个非常古老的问题。行星在运行的过程中会一会儿亮，一会儿暗，一会儿快，一会儿慢。这个问题古希腊的天文学家已经有了解释。古希腊天文学家认为，是因为行星以地球为圆心旋转，地球不在圆心，而是稍微偏了一点儿。行星围着偏心圆旋转，和地球的距离就会有近有远，所以看上去一会儿亮，一会儿暗，一会儿快，一会儿慢。

一个问题解决了，可是还有一个问题没解决。行星不仅一会儿亮，一会儿暗，一会儿快，一会儿慢，有时还会停下来，甚至倒着走，走一段后，再恢复正常。这又是怎么回事儿呢？这种现象，中国人也早就发现了，但是那时的人们都是用迷信来解释这种现象，比如水星逆行就预示着坏运气来了。托勒密在《至大论》中对行星"停下来，倒着走"的现象做了很详细的解释，他的解释不是迷信，而是所谓的均轮和本轮。随着时间的推移，均轮和本轮的解释就越来越不靠谱了。因为托勒密说的本轮是几十个，到了哥白尼的时代本轮已经增加到了几百个。

地球自转和行星的各种怪现象，让哥白尼产生了一个大胆的假设。他想，这一切的根源是不是因为我们过去把宇宙的中心放错地方了？如果宇宙的中心不是地球，那地球的中心在哪呢？会不会是每天照耀我们的太阳呢？于是哥白尼提出了宇宙的中心是太阳的假设。有了这种假设后，哥白尼开始更仔细地观测和计算。他花了30年的时间，写了一本书——《天体运行论》。在这本书里，哥白尼提出了"日心说"，在"日心说"的宇宙图景中，地球自转和水星逆行等现象全部得到了解释。在哥白尼的《天体运行论》发表447年后的1990年，人类一颗飞向太阳系以外的探测器"旅行者1号"，在40亿千米外拍摄的那张著名的地球自拍像"黯淡的蓝点"，再一次证明哥白尼447年前的假设是多么伟大。而447年前，哥白尼的"日心说"也正式地打开了现代科学的大门。

英国著名哲学家、诺贝尔奖得主罗素对哥白尼的"日心说"是这样评价的："他的成就的重要处在于，将地球撵下了几何学位置独尊的宝座。"神学认为地球是宇宙的中心，哥白尼把地球从中心位置撵走，让地球回归到浩渺宇宙中一颗小小的蓝色星球——"黯淡的蓝点"。这个改变是伟大的，人类也因此走进一个全新的时代——现代科学时代。

哥白尼留给我们的遗产是他提出的"日心说"，提出"日心说"最根本的原因还是哥白尼的好奇心，是好奇心让他去看星星，更重要的是，在看星星和观测的时候，他以批判的思维对待前辈留下的理论和成就。首先，哥白尼非常尊重前辈的理论，更尊重托勒密在 1400 年前做出的伟大成就。在《天体运行论》里，哥白尼这样写道："亚历山大城的克洛狄阿思·托勒密，利用 400 多年间的观测，把这门学科发展到几乎完美的境地，于是似乎再也没有任何他未曾填补的缺口了。就惊人的技巧和勤奋来说，托勒密都远远超过他人。"但是尊重前辈不等于盲目地迷信前辈，他经过自己细致严谨的观察，发现前辈理论中的错误，对前辈的理论提出了质疑。于是哥白尼在《天体运行论》里继续写道："可是我们察觉到，还有非常多的事实与从他的体系应当得出的结论并不相符，此外，还发现了一些他所不知道的运动……我将试图对这些问题进行比较广泛的研究……进一步说，我承认自己对许多课题的论述与我的前人不一样。但是我要深切地感谢他们，因为他们首先开阔了研究这些问题的道路。"

　　哥白尼尊重前辈，但不迷信前辈，他站在前辈的肩膀上继续向前进了！尊重前辈，不迷信前辈，站在前辈的肩膀上继续前进，就是现代科学的科学精神。

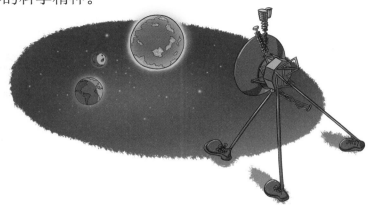

伽 利 略

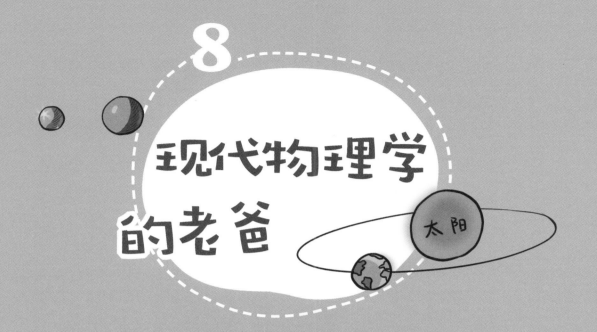

8 现代物理学的老爸

太阳

历史的车轮继续前行，《科学城堡》的日历翻到了公元1564年。这一年的2月15日，在意大利的比萨，就是有著名建筑比萨斜塔的比萨，一个小朋友出生了，这个小朋友就是后来现代物理学的开创者，现代物理学之父伽利略。

伽利略的父亲是一位音乐家，伽利略是家里六个孩子中的老大。伽利略小时候学习很好，在学习上，父亲对他很放心，但也有不太放心的时候。伽利略特别爱玩，还总喜欢天马行空地胡思乱想。有一次，他幻想自己像鸟一样在天上自由自在地飞翔，于是浑身绑上"翅膀"，从阳台上跳了下来，结果摔了个鼻青脸肿。伽利略小时候的这些行为说明什么呢？说明他好奇心强，喜欢琢磨，琢磨出想法，就亲自动手去验证这些想法对不对。

　　大概10岁的时候，伽利略进了修道院，在修道院学习神学。他很想当一名称职的神父，不过，父亲不想让他当神父，于是在1581年，17岁的伽利略被父亲送到比萨大学学习医学。为啥学医呢？因为伽利略的家族曾经是贵族，祖上是著名的医生，父亲希望伽利略可以光宗耀祖。

　　满脑袋好奇，爱胡思乱想，又喜欢自己动手的伽利略，在学习医学的时候就表现出质疑的精神。那时候大家都在学习亚里士多德的理论，亚里士多德在书里说，人身体里有四种不同的液体，分别是血液、黏液、胆汁和黑液。亚里士多德认为：如果这四种液体比例适当的话，人就会健康快乐；如果身体不健康，那肯定是身体里某种液体多了，要把多余的液体排出来才行。但是书里没说，人身上究竟有多少液体，要往外排多少合适。懂得用实验验证想法的伽利略就想，要想治好病，就必须更精确地了解人体里各种液体的情况。于是，伽利略就和老师说，他想直接接触病人，了解病人的真实情况。但老师把伽利略臭骂一顿，说道："你是学生，学生的任务就是学习，把我教你的统统背下来就行了。"有一次，伽利略跟老师说："您讲的都很对，不过您讲的都是从亚里士多德那里得来的，万一亚里士多德错了呢？"伽利略为什

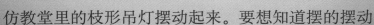

么会这么说呢？因为他已经
发现亚里士多德的很多结论
都不太对了。

　　上课的时候伽利略
会质疑老师讲的课，下
课以后满脑袋好奇的伽利略也不闲着，他瞪大眼睛
观察这个世界。有一次，伽利略去比萨教堂做礼拜，他抬头看见
教堂顶上的枝形吊灯在晃动，他觉得很好奇，仔细地观察起来，
看着看着，他发现吊灯的摆动好像是有规律的。那吊灯的摆动是
不是真的有规律呢？伽利略又提出了疑问。有疑问怎么办？他没
有去上帝那里找答案，也没去亚里士多德的书里找答案，而是自
己想办法证实吊灯摆动是否有规律。怎么证实呢？做实验。

　　回到家里，他在屋子里安了两个拴着重锤的摆，模
仿教堂里的枝形吊灯摆动起来。要想知道摆的摆动

是否有规律，起码得知道摆动的时间，如果每次摆动的时间都一样，就说明有规律，所以要发现规律，就要计时。对于现在的我们来说，计时太容易了，看手表或手机就可以了，而西方虽然在14世纪就发明了机械的钟表，但时间不准，并且这些钟表都在教堂的钟楼上。准确且可以拿在手里的钟表，在伽利略的时代还没生产出来。没有钟表怎么计时呢？伽利略有办法，他摸着自己的脉搏来计时。用脉搏计时的时候，伽利略发现了一个重要的物理学原理——摆的等时性规律。于是，遇见问题用实验去证实和回答问题，成了伽利略的高招、妙招、小绝招。

伽利略还做过一个著名的实验。伽利略读亚里士多德的书时看到："物体下落的速度和重量成比例。"什么意思呢？意思就是物体下落时，重的物体下落得快，轻的物体下落得慢。伽利略为了验证亚里士多德的这个结论是否正确，做了著名的比萨斜塔实验。就是从比萨斜塔上往下扔两个大小一样重量却不一样的球，一个球是金属的，一个球是木头的。他的实验证明两个重量不同、大小一样的球几乎同时落地。于是伽利略用比萨斜塔实验，否定了亚里士多德"物体的下落速度和重量成比例"的结论，进而发现了物理学的重要定律——自由落体定律和加速度的概念。

英国著名科学史家丹皮尔对文艺复兴时期达·芬奇、哥白尼和伽利略的贡献是这么总结的："文艺复兴以后，在人心中沸腾着的某些伟大思想，终于在伽利略划时代的工作中，得到实际的结果。列奥纳多（达·芬奇）在他所考虑过的无数题目中，已经预兆了现代科学精神，哥白尼在思想世界发起一场革命。"丹皮尔的意思是，达·芬奇的各种思考，已经预兆了现代科学精神即将到来，而哥白尼提出的"日心说"开创了科学思想的革命，伽利略所做的一切，是划时代的，让现代科学有了实际的结果。什么是现代科学的实际结果呢？就是丹皮尔说的："他把吉尔伯特的实验方法和归纳方法与数学的演绎方法结合起来，因而发现并建立了物理科学的真正方法。"把实验方法、归纳方法和数学的演绎方法结合起来的科学方法是从伽利略开始的，所以伽利略成了现代物理学之父。

不过，虽然伽利略已经生活在文艺复兴时代，但当时教皇还在极力控制着人们的思想，所以伽利略仍然生活在不可以自由思想的时代。后来，伽利略因为一件事得罪了教皇。伽利略用他发明的天文望远镜，观察了月亮和木星，他发现月亮和地球一样，有山有平原，而不是过去所说的那样，是一个水晶球。他还发现四颗围绕着木星旋转的卫星，这个发现彻底否定了所有的星球都围绕地球转的地心说。他的这些发现完全可以证明，哥白尼的日

心说是正确的。于是他写了一部《关于托勒密和哥白尼两大世界体系的对话》。在这本书里，伽利略用他所掌握的知识，证明和支持了哥白尼的日心说。但教会那时已经把哥白尼的《天体运行论》列为禁书，教会是极端反对哥白尼的日心说的。而《关于托勒密和哥白尼两大世界体系的对话》的出版，让教会感到很不高兴，他们强迫 70 多岁的伽利略到罗马的宗教法庭接受审判。在宗教法庭上，伽利略被判终身监禁。幸亏他们没有把伽利略囚禁在宗教法庭的监狱里，而是软禁在家。被软禁在家的伽利略仍然没有停止他的思考，被软禁期间，伽利略写了另一部物理学史上的伟大著作《关于两门新科学的对话》。这是伽利略总结了他几十年的思考而写成的一部巨著，爱因斯坦说："伽利略的发现以及他所应用的科学的推理方法是人类思想史上最伟大的成就之一，标志着物理学的真正开端。"

在被软禁 10 年后的 1642 年 1 月 8 日，现代物理学之父伽利略逝世了。伽利略虽身死，但他开创的物理学的真正方法，以及他的科学精神将永远留在人间，并且珍藏在我们的《科学城堡》里。

开普勒

9 他给天空立了法

伽 利略 7 岁那年，《科学城堡》里的又一个小朋友出生了，这个小朋友就是后来被称为天空立法者、伟大的天文学家开普勒。开普勒和伽利略一样，都是为现代科学做出过伟大贡献的科学家，不过很有趣的是，这两位科学家对待科学的态度却是完全不一样的。有什么不同呢？咱们看看科学史家丹皮尔是怎么说的。对于伽利略，丹皮尔是这么说的："伽利略可算是第一位近代人物。我们读他的著作，本能地感觉到畅快；我们知道他已经达到了至今还在应用的物理科学方法。"而对于开普勒，丹皮尔是这样说的："开普勒深信上帝是依照完美的数的原则创造世界的……他所追求的是最后因——造物主心中的数学的和谐。"啥意思呢？意思就是，伽利略和现在的科学家一样，而开普勒还非常相信上帝，他想用自己的发现证明万物是上帝用和谐的数学方法创造的。

所以，伽利略是一位已经走出神的思维，用自己的脑子想事儿的理性的科学家。而开普勒虽然也是用自己的脑子想事儿，但是他的理性思维还没有脱离神的框架。这么有意思的开普勒，是怎么变成天空立法者的呢？下面我们就来讲讲他的故事。

1571 年 12 月 27 日，开普勒出生在德国西南部斯图加特附近一个小镇上的穷苦人家。小时候家里把他送到教会学校，16 岁被德国最古老的由教会创办的杜宾根大学录取。如果不是教会大学，一个穷孩子是上不起大学的。在杜宾根大学，他学习文学、数学还有神学，学习成绩都很棒。更重要的是，在杜宾根大学，他遇到了一位秘密传播哥白尼学说的天文学教授，在教授的指导下，他对天文学产生了浓厚的兴趣，而且他也非常认同哥白尼的学说。开普勒虽然对天文学充满了好奇，但一开始并没有从事和天文学有关的工作。毕业以后，他被奥地利一所高级中学请去做了一位数学老师。他来到奥地利以后，由于当数学老师工资不高，他便倚仗自己在杜宾根大学跟着教授学过的天文学知识，跑去帮占星家画占星历书，挣钱补贴日常开销。占星是一种非常古老的迷信活动。比如迷信的人都相信水逆会影响人的运气，而且都想知道哪天会发生水逆。想知道哪天水逆，就得靠占星家了。占星家其实也不知道水逆是什么原因造成的，但这是一种有规律可循的自然现象，所以他们会计算出每次水逆、火逆的时间，然后制成日历，让那些迷信的人知道哪天会发生水逆。占星历书是西方的说法，中国类似的东西就是黄历，黄历主要告诉大家，哪天出门合适，哪天出门不合适，和西方占星历书的用途是一样的。所以占星家也要看星星，计算行星运行的轨迹，他们也是天文学家，只不过占星的天文学家和伽利略这样的天文学家是完全不一样的。丹皮尔曾说过："开普勒的正式职业主要是编辑当时流行的占星历书……同时他也是一位杰出的、热心的数学家；他之所以相信哥白尼体系，正是由于哥白尼体系具有更强的数学的简单性与谐和。"丹皮尔的意思是，开普勒觉得哥白尼的日心说更符合上帝是一位懂得既简单又和谐的数学家的假设。上帝怎么成了数学家了？

这其中还有个故事。虽然开普勒玩的是迷信的占星术，但他还是一位杰出的、热心的数学家，是数学造就了这个伟大的天空立法者。数学是如何造就天空立法者的呢？

开普勒对欧几里得几何学非常痴迷，他在编占星历书的时候发现，天上的所有事情，无论是水逆，还是火逆，都非常严格地遵循着某种看不见的规律。他发现，这些规律虽然说不清楚，却完全符合欧几里得的几何学，简单、和谐而又完美。于是开普勒提出了一个假设，创造万物的上帝是一位精通几何学的数学家。

因为他觉得，上帝如果不懂数学，不懂几何学，肯定设计不出这么完美的宇宙！相信上帝的开普勒怎么又会认同教会反对的哥白尼理论呢？他认同哥白尼，是因为哥白尼的理论比教会赞成的托勒密理论更符合欧几里得的几何学，也更符合上帝是数学家的假设。

就这样，有了上帝是数学家的假设，开普勒就开始琢磨，上帝是如何用几何学的方法创造完美宇宙的。通过思考，他心中产生了一个疑问：上帝创造的宇宙，为什么偏偏是六颗行星围着太阳转（因为开普勒已经接受了哥白尼的日心说，所以他认为包括地球在内的行星是围着太阳旋转，六颗行星就是五大行星加地球：水星、金星、火星、木星、土星和地球），而不是七个、八个或九个呢？他针对这个问题展开了研究。学过几何的同学都知道五个正多面体的几何知识，开普勒就是用的五个正多面体的模型来模拟上帝创造的宇宙，结果真的很完美。不过，他是以哥白尼的日心说为基础模拟的，如果换成以地心说为基础去模拟，就做不出这么完美的宇宙模型了。所以开普勒计算出的宇宙模型，不但证明上帝是一位数学家，同时还证明哥白尼的日心说是对的。开普勒把他的研究写成了一本书——《宇宙的神秘》。《宇宙的神秘》是 1596 年出版的，那时开普勒刚刚 25 岁。

几年以后，开普勒去了一趟现在的捷克首都布拉格，在那里

见到了当时著名的天文学家第谷。他送给第谷一本自己写的《宇宙的神秘》。第谷虽然不赞成哥白尼的理论，但是他从书里发现了开普勒的数学天赋，于是邀请开普勒到他的天文台工作。就这样，在 1602 年左右，开普勒来到了第谷在布拉格的天文台。

第谷是谁呢？他是丹麦非常著名的天文学家，比开普勒年长很多，他和开普勒一样，玩天文学都是为了验证上帝是如何创造完美宇宙的。第谷出身贵族，不需要找工作养家糊口，在 30 岁以前他读了好几所大学。第谷最大的爱好是看星星和制造各种观测仪器。他的这个爱好被丹麦国王知道了，正好国王也喜欢看星星，爱看星星的丹麦国王把首都哥本哈根附近的一座小岛汶岛赐予了第谷，还给了他一大笔钱。

于是，1575 年第谷在汶岛上玩起来了。他在汶岛建立了欧洲第一座天文台"天之城堡"，简称"天堡"。第谷在"天堡"里安装了各种观测仪器，还建了一个可以设计和制造新仪器的小工厂，以及造纸厂和印刷厂。这样不但可以随时设计和生产各种仪器，还可以印刷"天堡"的观测结果。1584 年，第谷又在"天堡"旁边建了"星之城堡"，简称"星堡"。他招聘了一群助手，在"天堡"和"星堡"里，对行星的运行路线进行了长达二十多年的精密观测，做了有史以来最精确的计算，得到了一系列极其精确的观测记录。第谷的这份记录直到今天仍然是非常准确的，现代天文学家甚至还会使用。后来，他离开汶岛来到布拉格，1602年，第谷在布拉格与开普勒会合了。

　　开普勒到布拉格以后，第谷让他开始研究火星轨道。可没想到的是，开普勒来到布拉格的第二年，第谷就去世了。开普勒被任命为第谷的接班人，第谷把他二十多年行星观测的详细记录都交给了开普勒，他希望开普勒继续对火星轨道观测研究。开普勒继承了师父的遗愿，接过接力棒，开始了与"战神"之间的战争。为什么说是与战神的战争呢？因为火

《宇宙的神秘》

5个正多面体

星的英文名字是"Mars"，是罗马神话里战神的名字。经过几年的研究，开普勒没有辜负师父的期望，他站在前辈的肩膀上，利用自己强大的数学知识，发现了火星运行及所有行星运行的秘密，这些秘密就是开普勒发现的行星三大定律。所谓行星三大定律，其实就是"战神"和其他行星围绕太阳旋转的秩序与规律，以及这些秩序和规律完美的几何学模型。

令开普勒没想到的是，他为证明上帝的伟大而发现的行星运行规律，却为人类科学的发展做出了伟大的贡献。他的贡献主要体现在三个方面：第一，更加充分地证实了哥白尼日心说的正确性，证明包括地球在内的所有行星都在围绕着太阳旋转；第二，发现火星和其他行星是以椭圆形轨道围绕太阳旋转的，并且做出了轨道的几何学模型；第三，提出了引力的概念。他的椭圆形轨道的数学模型和引力的概念，在几十年后引发了牛顿进一步的思考，并最终提出了伟大的万有引力定律。

不过，这么伟大的发现不是开普勒一个人就可以玩出来的，开普勒至少要感谢三位前辈，哪三位呢？第一位就是他在杜宾根大学遇到的秘密传播哥白尼学说的天文学教授，是这位教授让他对天文学产生了兴趣和好奇心，并且了解了哥白尼的学说。第二位就是第谷，感谢第谷对开普勒的赞赏，并给开普勒留下了最珍贵的、准确精细的观测记录。最后一位要感谢的是英国科学家吉尔伯特，吉尔伯特的磁学发现让开普勒联想到太阳与行星之间的引力。所以开普勒发现的行星三大定律，就是满脑袋好奇和疑问的他，站在哥白尼、杜宾根大学的教授、第谷和吉尔伯特等前辈的肩膀上，并且用自己强大的数学知识为行星的运行规律找到的完美、和谐、有秩序的几何学模型。

开普勒的发现，让以后玩天文、玩数学、玩物理的人如虎添翼，让人类的天文学、数学、物理学研究走向一个个新的高峰。德国著名哲学家黑格尔说："开普勒的有序和谐是一种伟大的哲学思想，一种超越时代、超越历史和具有永久生命力的伟大哲学思想。"

但遗憾的是，开普勒的晚年穷困潦倒。不过，对开普勒来说，做研究才是最重要的，就像他对自己说的："天体的运动只不过是某种永恒的复调音乐而已，要用才智而不是耳朵来倾听。"

斯坦诺

10 千层饼一样的大地

到这里，小朋友们在《科学城堡》里已经看到了很多科学的宝贝了，其中包括古希腊的科学、古罗马的科学、中世纪的科学、文艺复兴的科学，还有天文学、物理学等。现在呢，咱们再去见一个还没看过的宝贝，什么宝贝呢？这个宝贝就是地质学。

什么是地质学呢？笼统地说，地质学就是研究咱们脚下的地球，研究地球演化的科学。地球也会演化吗？就像生物会进化一样，地球也在随着时间不断地演化，我们说的日月轮回，沧海桑田，就是指这种演化。地球的演化比生物的进化时间更漫长，生物进化可能需要几万年，几十万年，地球的演化需要几十万年，几百万年甚至几亿年。具体地说，地质学就是研究咱们脚底下大地的性质、结构和如何变成今天这个样子的科学。人类早就知道，地下藏着金子、银子、铜、铁等各种矿石，所以人类很早就开始关心矿石，开始关心我们脚底下这片大地了。但真正的地质学却来得很晚，真正的地质学是从什么时候开始的，怎么开始的呢？真正的地质学开始于17世纪，开始于一种长在石头里的小牙齿——牙形石，开始于一个人。下面咱们就来讲讲牙形石和这个人的故事。

就像现在小朋友都喜欢玩手机游戏一样，16世纪、17世纪的欧洲人都喜欢玩一种叫牙形石的小玩意儿。什么是牙形石呢？这是一种长在石头里的像小牙齿一样的东西，用小锤子或者任何办法把石头敲开，小牙齿就会显露出来。一个叫斯坦诺的人，对牙形石特别好奇。他在想，小牙齿是怎么钻进石头里的呢？当时大家对牙形石的来历有两种解释，一种是从月亮上掉下来钻进石头里的，另一种是从石头里长出来的。斯坦诺觉得从月亮上掉下来钻进石头里肯定不对，那牙齿怎么会长进石头里呢？这个斯坦诺是谁呢？

《科学城堡》的日历翻到了1638年，这一年的1月11日，斯坦诺出生在丹麦首都哥本哈根。还记得前面讲过的与丹麦和哥本哈根都有关系的故事吗？对，就是前面讲过的丹麦天文学家第谷。斯坦诺的父亲是一位金匠，他的家庭条件肯定很不错，他先在哥本哈根大学学习医学，后来又去荷兰的阿姆斯特丹学习解剖学。由于他的解剖技术精湛，被意大利帕多瓦大学请去当教授（意大利帕多瓦大学是欧洲最古老的大学之一，建立于1222年，伽利略曾经在那里任教）。

为了揭开牙形石的秘密，斯坦诺在工作之余走进意大利的山林做实地调查，他想看看这些小牙齿是怎么钻进石头里的。在调查中他发现，岩石都是一层一层的。为什么说是一层一层的呢？假如把地层像切蛋糕那样切一刀的话，里面的样子就像个千层饼。岩石为什么会这样呢？虽然当时还处于凡事都是神创立的时代，但斯坦诺没有去神那里找答案，而是做了一个新的假设，他认为岩石是随着时间和大地沧海桑田的变化逐渐沉积形成的，于是形成了一层一层像千层饼一样的地层。而牙形石就是过去动物的牙齿，在岩石形成的过程中被包进去的。他把自己的这些想法写成了一篇论文——《关于固体自然包裹于另一固体问题的初步探讨》。

这篇论文就是科学史上地质学的第一篇论文。所以我们说，真正的地质学开始于 17 世纪，开始于一种长在石头里的小牙齿——牙形石，开始于一个人——丹麦人斯坦诺。后人把斯坦诺称为地层学之父。

不过，17 世纪的时候，人们还没有办法说清像千层饼一样的地层是怎么形成的，说不清化石在地层内部到底待了多久，更说不清地球到底有多少岁。但科学是一个过程，是人类认识自然、探索自然的一场永不停息的接力赛。前人说不清，没有完成的科学发现会变成接力棒，被后来的科学家接过去继续探索。就这样，地质学的接力赛从斯坦诺开始了。

自从斯坦诺开创了地质学，许多地质学家都加入到这场接力赛中，大家玩起了地质学。他们沿着斯坦诺像千层饼一样地层的假设继续向大自然发问，继续观察、思考、琢磨。我们脚下这些千层饼一样的地层是由什么组成的呢？金、银、铜、铁等矿藏是从哪儿来的呢？问题越来越多，地质学家的好奇心也越来越强烈。很多现象都证明我们脚下的大地是在缓慢变化的，那是什么原因让大地发生了变化？当地质学家试图回答这些问题的时候，分歧也来了。关于造成大地变化的原因有两种不同的看法和观点：有人认为是水造成的，这种观点叫水成论；还有一种观点认为是火山爆发造成的，这种观点叫火成论。于是地质学的英雄时代开始了，在水与火两种地质学理论的争论中，一个个伟大的地质学家向我们走来。

提出水成论的原因主要是，有的地质学家在高山的山顶上发现了鱼或其他水生物的化石，于是他们想到了《圣经》里大洪水的故事，是不是大洪水把这些水里的生物冲到山顶的呢？水成论就这样出现了。提出水成论最著名的地质学家是英国地质学家伍德沃德，

水成论

他本来是个医生，强烈的好奇心让他又当上了地质学家。他写了一本书——《地球自然历史试探》，这本书开启了水成论的先河。后来，他的理论又得到一位德国地质学家维尔纳的支持和完善，他认为一层一层的岩石是在水里结晶、沉淀和沉积的。

那火成论是怎么来的呢？开始玩火成论的也不是地质学家，他叫雷伊，他本来是玩植物学的，也是因为好奇玩起了地质学。他认为地层是由于历史上无数次火山喷发一层一层地堆积而成的。雷伊的火成论得到苏格兰地质学家赫顿的支持。他不认为岩石像维尔纳说的那样，是在水里结晶、沉淀和沉积而成的，他认为岩石是火山喷发以后的熔岩凝结而成的。他有一句名言："现在是通往过去的钥匙。"他认为所有地质活动，此时此刻就在我们的脚下缓慢地进行着，而且从未停止过。

就这样由斯坦诺的千层饼引发的水成论和火成论的争论，一直持续了一百多年。有人把 18 世纪到 19 世纪这一百多年叫作地质学水火相争的时代。许多著名的地质学家从水火相争的时代向我们走来，地球神秘的面纱也在他们的争论中一点一点地揭开了。所以人们也把这个时代叫作地质学的英雄时代。

19 世纪中期，一位叫赖尔的英国地质学家，经过实地调查，批判地继承并总结了前辈的理论，写了一部《地质学原理》。在这部书里，他以优美的语言和严谨的逻辑告诉大家，地质的变迁是一个极其缓慢的过程，造成地质变迁的原因是多方面的，有水也有火。此后，地质学家们从水与火的争论中走出来，现代地质学的大门打开了。

赖尔还是达尔文的终身好友。达尔文在"小猎犬号"5 年漫长的旅途中，一直带着赖尔的这部《地质学原理》，随时翻看着。达尔文的旷世巨著《物种起源》也是在赖尔的催促下，才出版的。

牛顿

11 苹果砸出来的牛顿

前面伽利略的故事讲到最后："在被软禁了 10 年以后的 1642 年 1 月 8 日，现代物理学之父伽利略逝世了。" 就在伽利略去世后的第二年，1643 年的 1 月 4 日，英国有一个小朋友出生了，这个小朋友是谁？他就是伟大的科学家牛顿。

牛顿这么伟大，那他的父亲肯定也不平凡吧。按照英国著名科学史家丹皮尔的说法，牛顿的父亲是一个有 120 英亩（1 英亩 ≈ 4047 平方米）土地的小地主。虽然父亲是个地主，但牛顿非常不幸，他还没出生，父亲就去世了。倒霉的牛顿还是一个早产儿，刚出生的时候非常瘦小，据说小到可以放进一只大啤酒桶里。可这个瘦小的孩子，好奇心却出奇的强，他和其他喜欢在外面疯玩的小孩儿不太一样，他喜欢自己鼓捣各种小玩意儿，据说

还做过一个让小老鼠拉着转的磨坊模型。可这个爱瞎琢磨的小地主的儿子就是干不了农活，好在他有个独具慧眼的舅舅，舅舅发现这个干不了农活，但是爱瞎琢磨的小外甥能力非凡，于是想方设法让牛顿以减费生的身份上了剑桥大学三一学院。

从前面的故事中我们已经知道，一个能够成为科学家的人，成长经历对他来说是再重要不过的了。剑桥大学对于牛顿来说，就是让他成为伟大科学家最重要的一段经历。在剑桥大学学习期间，牛顿幸运地遇到了引领他走上科学道路的好老师。那时候，剑桥大学三一学院一般的教学还是老一套的神学，但是牛顿遇见了一位博学的数学教授巴罗，牛顿不但听巴罗教授的数学课，还在他的指导下读了伽利略、开普勒等前辈的书。因此，好奇心强，又喜欢琢磨的牛顿，在剑桥大学的学习如鱼得水，后来还成了剑桥大学的学霸。而这一切不但得益于他舅舅让牛顿以减费生的身份上了著名的剑桥大学，更幸运的是，遇见了这位博学的科学引路人巴罗教授。

1664 年，可怕的黑死病开始在英国传播，大批的人死去。剑桥大学被迫停课，牛顿从伦敦回到家乡，在家一待就是两年。不过，这两年牛顿的创造力大爆发，创造了很多重要的科学成就：数学方面的二项式定理、微分方程、积分方程；光学方面用三棱镜发现太阳光的色散（也就是七色光）；更重要的成就是从开普勒的行星运行第三定律中发现了万有引力定律。关于牛顿创造力大爆发的这两年，在牛顿家人保存的一份手稿里可以看到他自己写的一段话："这一切都是在 1665 与 1666 两个瘟疫年份发生的事。在那些日子里，我正处于创造的旺盛期，我对于数学和哲学，比以后任何年代都更为用心。"

牛顿最著名的故事，就是他看见苹果从树上掉下来，然后发现了伟大的万有引力定律。这个故事无人不知，但这个故事的真假，已经无法考证。其实这个故事是真是假并不重要，重要的是

这个故事留下的精神。就像司马光砸缸，谁也无法考证是真是假，但故事传达的主人公在紧急情况下机智果敢的精神是值得学习的。那苹果树的故事留下了什么精神呢？首先，为什么苹果掉下来以后，牛顿想到的是万有引力定律，而不是把苹果吃掉？就是因为牛顿有疑问，他一直在思索。

疑问就来自前面说的，牛顿读的伽利略和开普勒的书，是伽利略和开普勒的新思想给牛顿带来了疑问。这些新思想，尤其是开普勒的行星三大定律让牛顿陷入了深深的思考之中。他想，是什么力量让行星以椭圆形轨道围绕着太阳转而不会跑掉呢？开普勒认为，吉尔伯特发现的磁力可能就是这种力量。但这是一种什么样的力量，可以拉着距离这么远的星球旋转呢？这个问题一直困扰着牛顿，所以当他看见苹果掉落的时候，一下子激发了灵感。他将苹果是往下掉而不是往天上飞的现象，联想到引力问题上。既然引力可以让苹果掉下来，那么在太空中，太阳是不是也可以用引力拉着星球旋转呢？这些疑问和思考，就是牛顿看见苹果掉下来发现万有引力定律的原因。所以牛顿说："如果说我比别人看得远些，是因为我站在巨人的肩膀上。"这一切都是因为前辈的新科学思想引发了牛顿的疑问和思考。

我们知道万有引力定律是牛顿在 1687 年出版的《自然哲学之数学原理》中提出的。就像开普勒提出的行星定律可以以几何图形表达一样，牛顿的万有引力定律也是以他创造的微积分方程的数学公式表示出来的。于是由伽利略开创的，以实验方法、归纳方法和数学演绎方法结合起来的科学方法，正式走进人类历史，精确的、数理的、以数学公式表达的科学时代到来了。

在黑死病传播的两年期间，创造力大爆发的牛顿站在巨人的肩膀上还玩出两项伟大的成果，其中一项是牛顿反射式望远镜。

牛顿的时代已经有伽利略式和开普勒式两种望远镜，这两种望远镜都要使用玻璃镜片做物镜和目镜。伽利略式望远镜物镜是凸透镜，目镜是凹透镜。凸透镜就是我们常说的放大镜，爷爷奶奶戴的老花镜就是凸透镜，凹透镜就是俗称的缩小镜，如果你是近视眼，近视眼镜用的就是凹透镜。伽利略望远镜的优点是，望远镜的镜筒短，看到的影像是正像，但是视野小，看到的不是实像，是虚像。实像或虚像在当时还没有什么意义，但是到了有照相机的年代，实像可以用照相机把望远镜看到的影像拍下来，虚像不行。开普勒式望远镜，物镜和目镜都是凸透镜，这种望远镜的优点是看到的影像是实像，视野更大，但影像是颠倒的。另外，这两种望远镜都有个共同的缺点，那就是都有色散。色散就是牛顿用三棱镜发现的一种光学现象。望远镜发生色散很像人的眼睛

有散光，看见的物体周围带一圈模模糊糊、五颜六色的边。牛顿在疫情中开始研究光，他首先发现光通过三棱镜会发生色散现象。经过调查，他进一步发现，伽利略式和开普勒式两种望远镜的玻璃之所以会发生色散，就是因为在光线通过凸透镜或凹透镜镜片三角形边缘时发生的色散。于是牛顿做了一件事。

　　牛顿制造了一台不用玻璃镜片做物镜的望远镜，他用一块铜片磨了一面凹面反射镜做物镜。牛顿玩出来的这种望远镜不但消除了色散，得到的还是实像，这种望远镜称作牛顿反射式望远镜。现代天文台使用的大型望远镜，包括飘浮在太空中的哈勃望远镜，基本原理都来自牛顿反射式望远镜。说起来牛顿制造一台望远镜，似乎很容易，其实制造这台望远镜只是他30年间一系列光学实验中的一部分。那牛顿是怎么做实验的呢？法国著名作家丰特奈尔在他的《伊萨克·牛顿爵士颂词》里这样写道："精确地做实验不是雕虫小技，呈现给我们思考的事实的每一成分，如此多的其他成分混在一起，其他成分或者与它混合，或者改变它，没有高的技巧不能把它们分开；非但如此，没有非凡的敏锐，很难猜到进入混合物中的不同要素。"丰特奈尔的意思是，做精确的科学实验不是雕虫小技。科学实验要把极其复杂混乱的各种因素，一条条梳理清楚，然后通过实验整理归纳成明晰的科学原理，做到这一点，必须有非常敏锐的理性思维和实验技巧。因此，科学实验需要极其理性、一丝不苟、准确无误的科学精神和科学实验，与制造一个复杂的泥塑神像不可同日而语。

我们说，牛顿是站在巨人的肩膀上看世界，只不过牛顿更厉害，他用理性、创造性、敏锐的判断力，把自己打造成了另一个巨人，他不但继承了前辈的科学思考，前辈的智慧，他还从前辈的科学理论中发现和总结出更新、更好的科学理论。牛顿在科学上最大的贡献是，从他开始将科学变成了数理的科学。数理的科学就是同学们天天要背的数学、物理或化学的公式或分子式。比如物理学中的重力用语言描述会很麻烦，我们可以说是物体由于受到地球引力的吸引而产生的力，叫作重力。古代的墨子说："力，重之谓下。"这样说你可能听不懂，而牛顿告诉我们，重力就是一个数学公式：$G=mg$。这个公式的意思是重力 G 等于质量 m 和系数 g 的乘积，系数 g 和你所在地的海拔等因素有关系。通过这个公式，我们可以在一瞬间计算出脚下的重力是多少。在牛顿之前，从来没人能用这么清晰的数学方式描述出一种可以精确计量的物理定律或自然规律。

不过，这位大科学家牛顿，也不是一个完人。他既是一位伟大的科学家，同时也是上帝忠实的信徒。他还曾经因为学术上的不同观点，和其他科学家吵过架。比如和德国数学家莱布尼茨关于谁是微积分发明人的争吵就非常著名。

不管牛顿多么不完美，他做出的成就也是值得称颂的，正如英国诗人波普给牛顿写的墓志铭：

自然和自然律隐没在黑暗中。

神说要有牛顿，万物俱成光明。

瓦 特

12 让人类的双手变得力大无穷

历史的车轮继续滚滚向前，《科学城堡》的日历翻到了1736年1月19日，在英国格拉斯哥的格林诺克小镇，一个叫瓦特的小朋友出生了。

说起瓦特，小朋友们应该都认识，大家都说瓦特发明了蒸汽机。但实际上，瓦特不是蒸汽机的发明者，而是已经发明的蒸汽机的改造者、创新者，瓦特改造的蒸汽机让人类的双手变得力大无比，吹响了人类第一次工业革命的号角。

蒸汽机是利用水蒸气的特性制造出来的一种动力机械装置。水蒸气有啥特性呢？很早就有人发现了水蒸气的有趣现象。那什么是水蒸气呢？咱们装了一壶水在炉子上烧，壶里的水烧开了以后会冒出一股股白色的烟雾，这就是水蒸气。很早就有人发现，

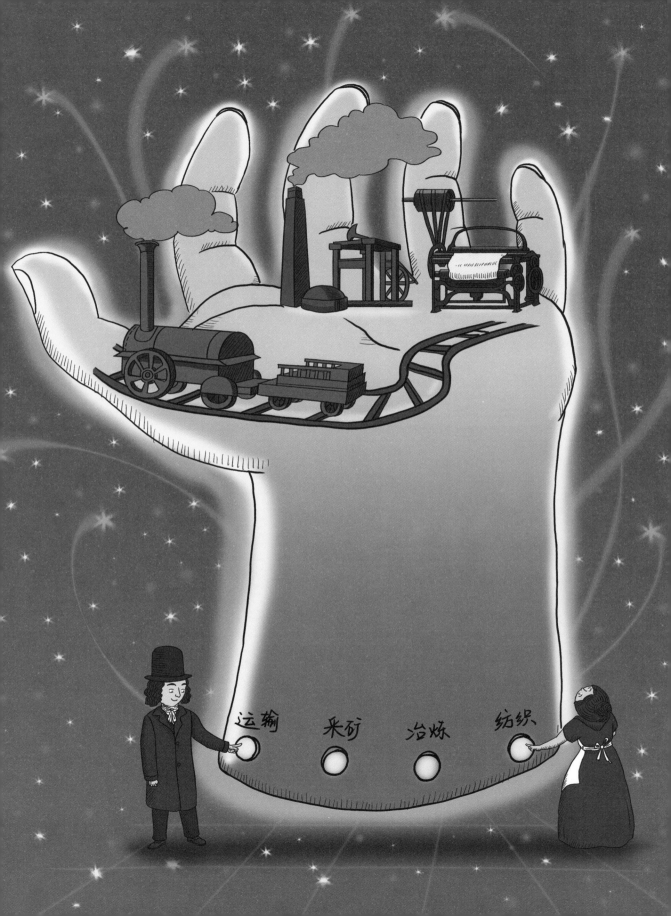

水蒸气有两种有趣的现象。一种是，水烧开变成蒸气的时候会产生很大的力气，最明显的例子就是，水一开，锅盖就被蒸气顶起来了，这叫膨胀作用。另一种是，水蒸气一遇冷很快会凝成水，在凝成水的过程中蒸气会迅速收缩，锅盖会被吸住打不开了，这叫收缩作用。人们发现水蒸气这一胀一缩力大无比，于是科学家和工程师利用水蒸气这一胀一缩的过程制造出了蒸汽机。蒸汽机能产生强大的动力，能被用在本来都是用人力、手工作业的采矿、冶炼、运输、纺织等行业中，这让人类几千年的手工小作坊走进了由蒸汽机推动的全新的机器工业时代，这就是第一次工业革命。

那是谁发明了蒸汽机，瓦特又是怎么改造和创新的呢？

据说，最早在公元 1 世纪亚历山大城的缪塞昂，有一位叫希罗的数学家就用水蒸气做了一种玩具。但是一直到 17 世纪，也没有人能用水蒸气玩出什么有意义的东西。到了 17 世纪中期，一位法国工程师巴本受到蒸煮锅的启发，发明了全世界第一台带活塞的蒸汽机。经过将近一个世纪，这种蒸汽机又被英国一位叫纽科门的工程师进行了改造，于是蒸汽机从 18 世纪初开始在欧洲得到广泛使用，这种蒸汽机也就叫作纽科门蒸汽机。随着欧洲工业生产的发展，对动力的要求也越来越高，经过半个多世纪的使用，纽科门蒸汽机的动力越来越不能满足需求了。这时候瓦特出现了。

瓦特出生的格林诺克小镇是个港口，他的父亲是造船工人，自己有一个造船和修理船的作坊。瓦特小时候身体很弱，很少去上学，但是他有一个贵族出身、非常有教养的母亲，瓦特小时候的教育基本是母亲在家里教的。瓦特小时候虽然身体弱，但好奇心强，他对父亲作坊里的机械非常好奇，也特别感兴趣。有一天，他实在忍不住，把父亲作坊里的工具偷偷拿回家去玩。父亲知道以后，没有教训他，而是告诉他这些工具归他了，但警告他以后不许再拿大人的东西。宽厚的父亲还经常陪着瓦特一起玩。在母亲父亲的培养下，瓦特逐渐成长为一个聪明能干的修理师傅。

瓦特在 20 岁时离开了家乡，来到伦敦，想找一份修理工的工作。他遇见一位格拉斯哥大学教授，教授允许他在格拉斯哥大学里开设修理部，于是瓦特又回到老家格拉斯哥，在格拉斯哥大学的校园里开了一个修理部。这位教授为瓦特后来的创造发明铺平了道路。

瓦特虽然没有上过大学，但是他非常聪明，在格拉斯哥大学，他认识了一位著名的物理学家。在物理学家那里，他学到了很多物理学知识，包括热学方面的知识。1763 年的一天，机会来了。这次学校让瓦特去修理一台纽科门蒸汽机。他在修理这台纽科门蒸汽机时发现，可以通过改造冷凝器大大提高纽科门蒸汽机的热

效率。他是怎么发现的呢？他看到纽科门蒸汽机的冷凝器在汽缸里面，这样的话会白白消耗很多热量，使蒸汽机的热效率降低。如果把冷凝器放在汽缸的外面，就可以大大提高热效率，但冷凝器要想放到外面，就必须对蒸汽机进行改造。于是，瓦特自己动手设计了一种带有分离冷凝器的蒸汽机，冷凝器和汽缸之间加了

一个调节阀门,让冷凝器和汽缸可以互相连通。根据瓦特的计算,改造以后,蒸汽机的热效率可以提高 3 倍以上。

不过,这只是瓦特的设计,把图纸变成真正的蒸汽机,瓦特用了 3 年多的时间。1769 年,瓦特改造的第一台样机完成了,这台被改造的蒸汽机就是著名的瓦特蒸汽机。在后来的二十几年里,瓦特蒸汽机又经过多次改进,1790 年左右,纽科门蒸汽机退出历史舞台,瓦特蒸汽机推动的第一次工业革命正式走进世界历史舞台。

是什么让瓦特改造出那么棒的蒸汽机从而推动了工业革命的发展呢?是他的好奇心和由好奇心产生的创新精神,还有他不断学习、不断充实自己的学习精神。我们不断地强调创新精神,那么什么才是创新呢?创新就是发现已有事物的缺点和不足,然后对已有事物做出改造。创新最需要的是好奇心,好奇心会引导你发现事物的不足和缺点,而如何创新就需要丰富的知识,知识来自不断地学习。所以创新与好奇心和学习精神是分不开的,这些才是让瓦特改造出那么棒的蒸汽机、推动工业革命真正的动力。

另外,推动了第一次工业革命的瓦特,还有一个和过去的科学家不一样的特点,他用自己的科学工作和发明赚钱。科学家不是都在玩吗?玩怎么还能赚钱呢?这就是工业革命的特点了。像古希腊的先贤，或者哥白尼、伽利略这样的科学家，他们研究科学问题没有实用的目的，就是因为好奇在玩。就算他们也会赚钱，赚钱的手段也不是他们玩的"没用"的科学，而是其他可以赚钱的职业。但工业革命中要研究的科学问题就不一样了。工业革命的所有研究和创造发明，都是可以造福人类，可以给人们的生活带来好处和便利的。

而创造和发明这些造福人类产品的人，为了这些发明付出了巨大的代价。瓦特用了二十多年的时间，才把纽科门蒸汽机改造成推动第一次工业革命的瓦特蒸汽机。为了鼓励更多有创造精神的人做出更多、更好的发明创造，不让投机取巧的人随意复制发明家的发明，就出现了一种鼓励发明家和保护发明家利益的专利制度。发明家为自己的发明申请专利，专利不但鼓励了发明家，保护了发明家的利益，发明家还可以从专利里赚钱。而发明家用赚来的钱又可以继续做新的更多的发明。所以我们说瓦特会赚钱，就是他从自己发明的专利中赚的钱。鼓励发明家，保护发明家利益的专利制度，是让第一次工业革命得以迅速发展，让人类走进现代文明的重要保障。

心中充满好奇，站在巨人肩膀上的瓦特，用他改造的蒸汽机推动了第一次工业革命，让过去不讲实用的科学变成了实用的、可以造福人类的，还可以赚钱

的科学。瓦特不但改造了蒸汽机，还创造了很多其他的发明，获得了很多荣誉，他被选为英国皇家学会的会员，格拉斯哥大学名誉博士。同时，瓦特还从他发明创造的专利中获得了巨额的财富。1819年，瓦特去世了，在他的讣告里人们这样赞颂他的发明："它武装了人类，使虚弱无力的双手变得力大无穷，健全了人类的大脑以处理一切问题。"

"没用"的好奇心的科学并没有因为第一次工业革命而停止。在开创了用蒸汽机代替手工劳动的第一次工业革命后不久，"没用"的好奇心的科学再次发力，开创了第二次工业革命。这次工业革命让人类从蒸汽机时代大踏步地走进了电气时代。

居 维 叶

13

远古生物是怎么复活的

现在的小朋友们都认识很多种恐龙，像霸王龙、马门溪龙、甲龙、剑龙等。小朋友在博物馆看着各种恐龙的标本会如数家珍地告诉爸爸妈妈每一种恐龙的种类。

我们知道，恐龙是生活在中生代的爬行动物。中生代是什么时代呢？中生代是地球上一个古地质时代，是从古生代而来的一个时代，这个时代大概是从 2.5 亿年到 6600 万年前的这段时间。恐龙在地球上生活了将近 2 亿年以后，在 6600 万年前的白垩纪突然消失了。也就是说，恐龙这种爬行动物，在地球上已经消失 6600 万年了。咱们人类是在中生代以后的新生代后期才出现在地球上的。如果把整个地球 45 亿年的历史浓缩成一天，那么恐龙出现在晚上 11 点左右，人类则是晚上 11 点 58 分 43 秒来到地

球。人类来到地球的时间大概是 250 万年，没有人见过 6300 多万年前的恐龙，可现在的博物馆里，那些活灵活现的恐龙是怎么来的呢？人们怎么会知道，6300 多万年前的恐龙长得就是霸王龙、马门溪龙、甲龙、剑龙的样子呢？

博物馆里的恐龙都是通过古生物学家在世界各地发掘出来的恐龙化石复原而来的。不过，看化石是不可能看出恐龙长什么样的，而且发掘出来的化石，也只是一只恐龙的一小部分，光凭化石是根本复原不出完整的恐龙的。那现在博物馆里的恐龙是怎么复原出来的呢？想复原出一只活灵活现的恐龙，就要靠一位古生物学家了，这位古生物学家就是《科学城堡》现在要讲的宝贝，法国的古生物学家居维叶。居维叶怎么用不完整的化石复原出活灵活现的恐龙呢？下面我们就来讲居维叶的故事。

居维叶这个名字大家可能不太熟悉，他是法国著名的古生物学家，同时是古生物学的开创者。后来大家为了纪念他，很多古生物都以他的名字命名，比如居维叶鲸鱼、居维叶瞪羚、居维叶巨嘴鸟、居维叶虎鲨鱼等。

居维叶怎么这么厉害，这么多古生物都以他的名字命名。一个人可以成为著名的科学家，成为一个学科的创始人，这和他的成长经历密切相关。咱们就来看看居维叶的成长经历。1769 年 8 月 23 日，居维叶出生在当时属于德国，现在属于法国的一个叫蒙贝利亚尔的小镇。父亲是一名中尉，居维叶就是一个普通军人家庭的孩子。小时候母亲非常注重孩子的学习，使他在小学、中学读书的时候成绩都很好，尤其是历史学科。历史上那些冗长的年代、人名，他很快就可以记住。在中学读书时，他读了一本《动物史》，于是对动物产生了极大的兴趣。优秀的小居维叶 15 岁就上了大学。毕业以后为了养家糊口，他来到法国的海滨城市诺曼底当家庭教师。

在诺曼底当家庭教师时，两件事改变了居维叶的命运。第一件事是诺曼底的海边可以很容易获得各种水生物，比如鱼类、贝壳还有章鱼等软体动物。好奇而又认真的居维叶利用业余时间就玩起来了。他解剖这些生物，仔细地观察和研究它们的身体结构，于是有了很多新发现。这为他后来研究解剖学和古生物奠定了基础。第二件事是他认识了一个叫泰西的学者。泰西是当时法国知名学者，他在诺曼底的一次演讲上认识了居维叶。认识以后，泰西发现了居维叶的才华。有一次，他跟巴黎的朋友说，"我在诺曼底的小山坡上发现了一颗珍珠。"1795年经过泰西的引荐，这颗珍珠来到巴黎，成为皇家植物园解剖学会会长的助理，从此步入了他的研究生涯。

在皇家植物园的研究工作中，他为古生物学做出了很大的贡献，成为古生物学的开创者。现在大家去博物馆参观，肯定看见过很多古生物标本，比如恐龙、猛犸象、剑齿虎等。这些远古生物标本是怎么做出来的呢？就是靠古生物学家在野外发现和挖掘的古生物化石复原而来的。但是，古生物学家发掘出来的化石通常都不是完整的，也许只是这只古生物的百分之十。只有这么少的化石碎片，怎么能还原出一只完整的古生物标本呢？这就是居维叶的贡献了。

居维叶在研究中对古生物骨骼化石和现生生物的骨骼进行了比较，发现了动物骨骼和动物身体结构之间的关系。比如，我们看见一副动物的尖牙利齿，那就可以判断这是一个食肉类动物。而食肉动物肯定要用发达的咬肌来嚼肉，为了提供这样的咬肌，就得有发达的颧骨弓，等等。1800 年，奠定古生物学基础的《比较解剖学讲义》发表了，在这本书里，居维叶提出了"器官相关法则"。古生物学家根据"器官相关法则"就可以用比较少的化石，复制出一只完整的古生物，如同古生物复活了一样。据说，只要给居维叶一块动物的骨骼化石，他就可以复原出整只动物。直到现在，古生物学家仍然在使用这个方法复原古生物。

当然了，要想复原古生物不是一件容易的事情，还需要古生物学家有非常丰富的动物学和解剖学知识。居维叶在这方面也非常厉害。有这样一个故事，有一天晚上，居维叶的房间里突然闯进一只毛茸茸的怪物，它嘶叫着。居维叶睁眼一看，只见这只硕大的怪兽头上长角，有粗大的牙齿、铜铃似的眼睛、橙色皮毛和铁锤般的巨蹄。一般人看见肯定吓坏了，但居维叶一点儿也不慌，

他满不在乎地说："你只会吃草，我不怕你。"说完，又闭上眼睛睡觉了。原来怪兽是学生装扮的，想吓唬一下居维叶。学生问居维叶为什么不害怕，居维叶说："怪兽头上长角，脚上长蹄，肯定是食草动物，所以不用害怕。"居维叶的"器官相关法则"不是从天上掉下来的，而是来自他强大而又丰富的动物学、古生物学、解剖学等科学知识。

居维叶做的事还不止这些。当时无论科学家还是宗教人士，普遍都认为，生物是不会灭绝的。尤其是宗教人士，他们认为上帝不会把自己创造的生物灭绝了。居维叶虽然不赞成进化论，但在这个问题上他的思考是正确的。他在研究古象化石时发现，古

象的骨骼与当时生活在非洲和亚洲的大象完全不一样，于是他认为古象是已经灭绝的生物。居维叶的疑问也来了，生物为什么会灭绝呢？当时已经有很多古生物化石被挖掘出来，居维叶看到，不同地层挖掘出来的化石都有很明显的不同。从这些现象可以做出判断，不同时期有大批死去的动物被埋在同一地层中，这样不同时代就有不同的动物尸体被埋。地层越往下，时间越久远，越往上时间就越短。他由不同地层中埋藏着不同化石这种现象，做出一种假设，也就是在他的《四足化石研究》一书中提出的灾变论。

居维叶认为地球上曾经发生过几次大洪水，每次大洪水都让地球上的所有生物灭绝了，然后上帝再创造一批新的生物。他认为最早的生物是爬行动物，然后才有哺乳动物，最后才有人。这个灾变论如果把上帝放在一边，恰恰为生物的进化理论提供了证明，所以居维叶的灾变论有其正确的一面。

由于居维叶做出了许多贡献，渐渐得到了大家的尊重，于是他沾沾自喜，变得自负起来。因为自负他还闹出了一个大笑话。

有一个叫曼特尔的英国医生，喜欢收集化石。他的这种爱好还感染了自己的夫人。有一天，他去出诊，他夫人拿着大衣去接丈夫。夫人在一段修路时挖开的地层里发现了一颗牙齿化石。曼特尔拿着夫人发现的化石研究了半天，也搞不清楚这块化石是什么动物的牙齿，于是他去求助当时最著名的古生物学大咖居维叶。

他抱着化石从英国到法国，找到了居维叶。可是居维叶也没见过这种牙齿化石，他拿着化石端详了半天，看不出来这是什么动物的牙齿。按照常理，居维叶这么一个大咖，应该很谦虚地跟曼特尔说，这种化石我也不知道，需要做更深入的研究。但是，居维叶偏偏没有这么说，他想，我这么厉害的学者，怎么能被一个乡村医生难住呢。于是，居维叶就告诉曼特尔，他拿来的化石是一种犀牛的牙齿，并且年代不会很久远。曼特尔听了之后，也不知道居维叶是怎么看出来的，更不知道他说得对不对，只好半信半疑地离开了法国。

回到了英国以后，曼特尔越想越不对，他也爱玩、爱研究，于是他拿着这块牙齿化石去很多博物馆做比对、研究，最后，还真的找到了相似的牙齿。他发现，这块化石和鬣蜥的牙齿很像，但是比鬣蜥的牙齿大。这项新发现让曼特尔兴奋极了，原来他的这块宝贝化石是一种生活在侏罗纪和早白垩纪的爬行动物，曼特尔就把这种爬行动物叫作"鬣蜥的牙齿"。"鬣蜥的牙齿"是人类最早发现的恐龙之一，中文名字是禽龙。

自负的居维叶差点把一项重大的科学发现遗漏了。不过科学家都是普通人，他们既有优秀、杰出的一面，也和普通人一样有各种缺点。尽管如此，我们依然不能忽略，并且要学习和继承科学家的好奇心、探索精神、创造精神。居维叶提出的"器官相关法则"，直到现在还是古生物学家复原古生物使用的基本方法。

法拉第

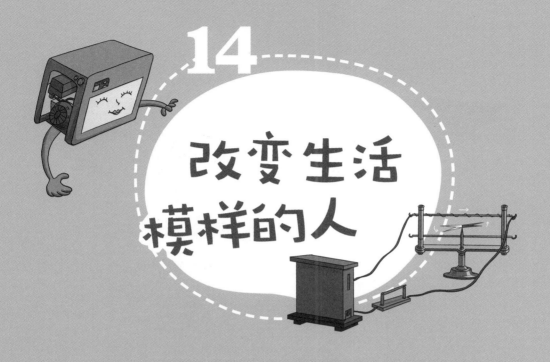

14

改变生活模样的人

科学城堡的日历翻到了 1791 年 9 月 22 日。这一天，在英国伦敦附近的萨里郡一个铁匠家里出生了一个小男孩儿，这个小男孩儿就是后来著名的电学之父法拉第。

电是大家日常生活中不可或缺的，如果没电，手机不可以玩，灯泡不能照明，生活会瞬间陷入一片黑暗。今天我们之所以可以享受电带来的便利生活，要感谢一个人，这个人就是法拉第。因为法拉第，人类的生活彻底改变了模样。

其实，人们很早就知道电这个"精灵"，比如中国很早就有"电"字，东汉许慎写的《说文解字》里是这样写的："电，阴阳激耀也。"这里的电指的应该是贯穿于天地之间的闪电。在欧洲，古希腊的泰勒斯发现，琥珀摩擦以后会吸引羽毛，他认为这

是因为无生命的物体也有灵魂，而他发现的这个灵魂其实就是电。不过，那时大家虽然知道有电，但不知道电能做什么，更不知道怎么把电储存起来，就这样到了前面讲的开普勒的时代。我们说开普勒因为了解了英国科学家吉尔伯特发现的磁学，激发了他关于地球和太阳之间引力的想法。而吉尔伯特除了发现磁力，还有一个发现，就是电。他也和古希腊的泰勒斯一样，发现琥珀摩擦时会产生一种力，于是他把这种力叫作电力，而英文"电力"这个词，就来自希腊文的琥珀。吉尔伯特发现的电力让人类对电的认识又进一步加强了。但在法拉第以前，电只是科学家和好奇的人手里的玩意儿，还不能用在人们的生活之中，是法拉第改变了这一切。法拉第怎么这么厉害呢？下面我们就讲讲他的故事。

法拉第出生在一个穷铁匠的家庭，因为家庭条件不好，小时候只上过两年小学。不过，他的铁匠父亲却非常注重对孩子们的言传身教，他教自己的孩子勤劳朴实，不贪图金钱地位，做一个正直的人。为了贴补家用，法拉第小时候当过报童，13 岁的时候，他来到一个书商兼书籍装订匠家里当学徒。在这里打工的日子，为他后来的科学发明铺平了道路。怎么回事儿呢？法拉第虽然没上过几天学，但他非常好学，书商家里的书让法拉第如鱼得水，在书商家，他读了很多书，学到很多科学知识。尤其是当他看到《大英百科全书》中有关电学的文章时，觉得电学太有意思了。

另外，在这里打工学到的书籍装订技术也让他受益匪浅。

法拉第除了喜欢读书，还喜欢用书中学到的知识做各种尝试。他按照书里讲的，试着用废旧物品做化学、物理实验，还自己装过一台起电机。我们从法拉第在书商家打工的经历可以看出，他不但是一个好奇心极强，喜欢读书的人，还喜欢自己动手，这不就是一个有理论又懂得用实验去证实理论的科学家胚子吗？所以只上过两年小学的法拉第，在自己的打工生涯中，已经逐渐为他后来从事科学研究工作积累了经验，做好了准备，打下了基础。都说机会是留给有准备的人的，那么机会真的会来吗？

有一次，当时著名的化学家汉弗莱·戴维要在皇家研究院演讲，法拉第得到一张票。在听戴维的演讲时他惊讶地发现，戴维讲的他居然都可以听懂！于是法拉第斗胆给戴维写了一封信，还把自己听戴维演讲的笔记装订成漂亮的册子一起寄了过去。他能听懂戴维的演讲，靠的是他自己好学，而把笔记装订成漂亮的册子，就要感谢他在装订社学到的书籍装订技术了。当戴维看到法拉第的信和漂亮的册子时，马上被这个自学成才的法拉第吸引了，戴维决定让法拉第来做自己的助手，从此法拉第走进了他的科学生涯。而戴维也非常庆幸自己做出的这个决定，他说："我对科学最大的贡献就是发现了法拉第。"

22岁的法拉第当上了戴维的助手，先是陪戴维夫妇去欧洲各国考察，这次考察让他眼界大开。考察结束回到伦敦的皇家研究院后，在戴维的帮助下，法拉第开始了独立的工作，他的科学研究生涯一直持续到四十多年后他离开这个世界。

在伦敦皇家研究院，他做了很多实验，发表了大量论文。法拉第不只是自己闷头做研究，他也非常重视别人的发现。当时丹麦物理学家奥斯特的一个实验很著名。他发现，给一个电路接通电流时，附近的一根磁针动了一下，而且磁针动的方向和电流不一致，是垂直于电流方向的。法拉第从奥斯特的实验得到启发，他成功地让一根小磁针绕着通电的电线转动。法拉第这个实验，实际上就是人类第一台电动机的雏形。

当时很多科学家都对电和磁的关系感兴趣，法拉第在做了磁针实验以后，又提出了新的问题，既然电流可以产生磁，反过来，磁会不会产生电呢？于是他做了一个实验，他把两段电线平行放着，一段电线接着电池，一段电线接着电流计。当电线接通电池，电流计就动了起来，但是一断电，电流计就不动了。当时法拉第的想法是，接通电池，另一根电线会有持续不断的电流出现，但实验结果并不如他所想的那样顺利。对此，法拉第怎么也想不明白。

但是，针对这个问题，他一直没有停止思考。几年以后，他又设计了一个新的实验，这次他把一段电线绕在一个铁环上接上电池，另一段也绕在铁环上接着电流计。当电线接通电池，电流计马上动起来。电一断，电流表就恢复到原位。这次他没有期望马上会有持续的电流，他做这个实验是想证实电流确实会产生磁性。接着，他又做了另一个实验，这次他先做了一个空心的线圈，连上电流计，然后把一块磁铁放进这个空心的没有电的线圈里。当磁铁放入线圈的时候，电流计的指针动了，说明磁铁让线圈产生了电，当磁铁在线圈上停止不动时，电流计的指针就回到了初始位置。这说明磁铁在线圈里运动就会产生电，磁铁停止，电也没有了。另外，法拉第还发现一个现象，那就是磁铁进入线圈和拿出线圈，电流计的指针会指向两个不同的方向。于是，法拉第断定，磁铁可以产生感应电流，而磁铁改变运动方向，电流计指向两个反向的特性，法拉第起名叫阳极和阴极（也就是"＋极""－极"）。这就是法拉第发现的电磁感应现象及人类历史上第一台交流发电机。

法拉第的这个发现，彻底改变了以前电量小，无法转化利用的困境，开启了电力工业，也让世界彻底改变了模样。今天无论火力发电厂、水力发电厂，还是风力发电厂，发电机的基本原理都来源于法拉第的实验。法拉第在研究磁和电的关系的时候，并

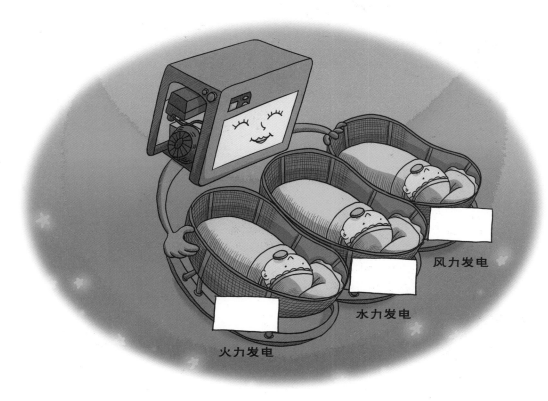

风力发电

水力发电

火力发电

没有想那么多，只是纯粹因为好奇在玩，就像他说的："成为世界一流科学家是我的梦想，但是脚踏实地地一步一步往这个方向前进，让我感觉更快乐。"

关于法拉第从父亲那里继承的谦逊正直、治学严谨、生活简朴、不求奢华的品行，有一个小花絮可以做出说明。在皇家学会，他经常被来这里做实验的学生们误认为是看门老头。法拉第有个好朋友叫丁达尔，丁达尔这样评价他的老朋友："一方面可以得

我是一个普通人，如果让我接受皇家学会希望加在我身上的荣誉，我不能保证自己的诚实和正直，连一年都做不到。

到 15 万镑的财产，一方面是没有报酬的学问，要在两者之间去选择一种，他却选定第二种，遂穷困以终。"

法拉第就是这样的人，他成名以后，正值当时英国政府要提高科学家的待遇，英国内阁决定设立年金给在科学或文学上有突出贡献的人。法拉第很荣幸被政府选定为可以得到年金的科学家。当时法拉第的生活并不宽裕，但他还是拒绝了英国政府提供的年金。国王对此很感动，决定授予法拉第贵族称号，但法拉第还是谢绝了。英国皇家学会又邀请他出任皇家学会会长，他说："我是一个普通人，如果让我接受皇家学会希望加在我身上的荣誉，我不能保证自己的诚实和正直，连一年都做不到。"

我们不但要学习科学家的探索精神和创造精神，他谦逊、不图名利、不贪图享受的优美品格，也是我们学习的好榜样。

多 普 勒

15 膨胀的宇宙

16 世纪，哥白尼开创了科学革命，接着，伽利略开创了现代物理学，然后牛顿发现了万有引力定律，开创了数理科学，这个过程大约用了 200 年，历史走进了 18 世纪。此后，历史的长河继续流淌，100 年后的 19 世纪，科学已经走上发展的快行道，许许多多著名的科学家纷纷登场了。比如前面说的法拉第，还有电学方面的安培、欧姆，电磁理论方面的麦克斯韦，发现电磁波的赫兹，发现热力学第一定律的焦耳，发现热力学第二定律的开尔文，以及创造元素周期表的门捷列夫等。而在天文学方面，1846 年，法国天文学家勒维烈利用牛顿的万有引力定律，计算出了海王星的存在，从此天文学走进了天体物理学阶段。这时候一位重要的科学家出现了，他的名字叫多普勒，他发现的多普勒效应，让科学尤其是天文学进入了一个全新的阶段。

《科学城堡》的日历翻到了多普勒出生的 1803 年 11 月 29 日。

这一天，奥地利萨尔斯堡一个有 200 多年历史传统的石匠家庭，出生了一个小男孩儿，这个小男孩儿就是多普勒。多普勒出生时赶上他父亲的石匠生意特别好，赚了不少钱，他出生在父亲刚刚盖好的一所新的石头房子里。本来他是要继承父业，从事石匠生意的，但因为他身体很弱，并没有继承父业。他在家乡上了小学和中学，19 岁来到维也纳工学院，在数学方面多普勒显示出了非常杰出的天赋。以优异的成绩毕业后，他回到家乡萨尔斯

堡当了两年老师，然后又回到维也纳，进入维也纳大学学习数学、物理和天文学。毕业以后来到布拉格理工学院做起了兼职老师，38岁那年，他成为布拉格理工学院的数学教授。46岁的时候，他被维也纳大学聘任为物理学院第一任院长，3年后他去世了，去世时只有49岁。

这就是英年早逝，一生十分平凡的多普勒老师。多普勒从小身体不好，可他是一位勤奋而又严谨的老师，由于对学生要求太过严谨，还被学生投诉过。不过，就是这么一位平凡的、严谨的、英年早逝的老师，他的科学成就却赢得了全世界的尊重。这项成就就是发现了多普勒效应。

什么是多普勒效应呢？打个比方，你站在路边，一辆大型载重卡车朝着你疾驰而来，卡车的喇叭声由远而近会变得越来越尖锐，而大卡车从你身边呼啸而过后，喇叭声又会逐渐变得低沉了。这是为什么呢？这就是声波在捣鬼了。怎么回事儿呢？当发出声音的音源快速靠近你时，声波就会被压缩，于是声音的频率会变高。如果发出声音的音源离你越来越远，声波就会被拉长，声音的频率就会变低。声音的这种现象就叫作多普勒效应。

多普勒怎么就会发现这个效应呢？这与他的好奇心以及平时对日常生活中各种事物仔细的观察和思考有关。多普勒的时代虽然还没有汽车，但火车已经有了，火车从远处开过来，汽笛声会由远而近变得越来尖锐，这个现象谁都会察觉到。可是在多普勒以前谁都没有在意，更没有继续观察和思考这个现象。而多普勒在意了，不但在意了，他还继续观察和思考。据说，多普勒效应就是他在布拉格理工学院当数学教授，带着孩子在铁路边玩时发现的。多普勒不但注意到火车引起的多普勒现象，还对这种现象做了深入的思考和研究。他认为，造成这种现象的原因是声音在靠近和远离时会发生压缩和拉伸的变化。另外，他还注意到，不只是声音有多普勒效应，光也有同样的效应。于是他发表了一篇论文，在论文中他提出了这个划时代的多普勒效应。虽然在当时的条件下，多普勒对光的多普勒效应没有做出更多的研究，但是他的思考被后人继承。当天文学家把多普勒效应指向太空的时候，

天文学家们有了惊人的新发现。什么新发现呢？像声波一样，光波在接近一个物体和远离物体时，也会与声音一样产生压缩和拉伸，这种光的多普勒效应叫作蓝移和红移现象。

牛顿用三棱镜发现了七色光，七色光说明太阳光是由不同颜色的光组成的。那太阳光为什么会有不同的颜色呢？科学家进一步研究以后发现，原来这是因为太阳光是由太阳里不同元素的物质燃烧以后发出的，每一种元素燃烧以后会发出不同的波长，也就是不同颜色的光，太阳光就是由几十种甚至上百种元素燃烧以后发出各种颜色的光组成的，而七色光只是人类眼睛可以分辨出来的七种颜色，其实太阳光的光谱比七色光要复杂得多。而不同颜色波长的光，波长越短颜色越蓝，波长越长颜色越红。而蓝移说明发光体在靠近，压缩以后光的波长变短、变蓝。反过来，如果发光体远离你，光的波长会被拉长，光谱就会向红色那边移动，叫红移。

天文学家通过观测星星的蓝移或红移，可以判断星星是在向我们靠近还是离我们而去。天文学家观测后惊讶地发现，宇宙中几乎所有的星星都有红移现象，这说明宇宙中大部分星星都在快速地远离我们。宇宙的红移现象让科学家产生了思考，宇宙为什么都在互相远离呢？一个全新的宇宙理论就这样浮出了水面，这个新理论就是宇宙膨胀理论。

银

太阳系

河外星系

河　系

历史进入 20 世纪以后，天文学有了更进一步的发展。那时天文学家已经知道，我们的太阳系是银河系的一部分，也对银河系的大小有了比较清楚的了解。1919 年左右，美国著名天文学家哈勃利用当时最大的、口径 2.5 米的望远镜，又发现了银河系以外的星系。这个发现让天文学家大开眼界，原来宇宙如此之大，银河系只是宇宙中的一叶小舟，而我们的太阳系只是这叶小舟中一个不起眼的乘客而已。在哈勃发现河外星系的同时，另一位美国天文学家斯莱弗在观测中发现了宇宙的红移现象。哈勃考察了斯莱弗的发现，并结合自己的发现，在 1929 年提出了一个全新的天文学理论——哈勃定律，也就是宇宙膨胀理论。

提出这个理论以后哈勃就想，如果宇宙一直在膨胀，那么过去的宇宙是不是比我们现在看到的要小呢？如果是这样，膨胀是从什么时候开始的呢？是不是可以用倒推的方法算出宇宙是从哪天开始膨胀的？于是哈勃开始计算，他算出的结果是 20 亿年。也就是说，宇宙是从 20 亿年前开始膨胀的，今天可以看见的宇宙的年龄是 20 亿岁。不过，那时候地质学家已经发现地球上有超过 30 亿年的岩石了，所以，哈勃 20 亿年的假设不能成立。又过了大概 10 年，天文学家有了新武器——一台 5 米口径的巨型望远镜。用新武器再观察天空的时候发现，哈勃仍然是对的，只是他把时间算少了，宇宙的年龄不是 20 亿年，而是 150 亿年到

200 亿年。于是科学家从哈勃定律，也就是宇宙膨胀理论又推导出一个更新的、令人惊讶的宇宙理论——宇宙大爆炸理论。

现在，宇宙大爆炸理论认为，我们生存的这个宇宙，是从137 亿年前的一场大爆炸中产生的。而这一切理论都是从哪儿来的呢？都是通过多普勒听到火车的汽笛由远而近发出的尖利声音而发现的，即多普勒效应。

达尔文

16

一切都是自然的选择

从 16 世纪哥白尼开创了现代科学，到 19 世纪的 300 多年时间里，科学在欧洲突飞猛进，17 世纪伽利略发明了望远镜，18 世纪荷兰科学家列文虎克又发明了显微镜，科学家们观察自然、探索宇宙万物的工具和技术越来越先进。但是在"我们是谁，从哪里来，到哪里去"这个问题上，神学家们仍然稳坐泰山，神创论没有受到挑战。

19 世纪初期，一位伟大的科学家出现了，他就是法国博物学家拉马克。那时候的科学还没有具体分科，科学家也都是多面手，什么都懂，特别博学，所以科学家们不叫天文学家、物理学家或生物学家，而是统统称为博物学家。

拉马克有贵族血统，父亲希望他当牧师，可是他好奇心很强，就是不喜欢神学，结果没听父亲的话，跑去当兵了。从军队退伍以后，他来到一家银行工作。他爱画画，业余时间经常跑到法国皇家植物园里去写生。结果这个爱好让他在一次写生的时候结识了法国著名启蒙思想家卢梭。在卢梭的启发和帮助下，他进入法国皇家植物园工作，从此开始了一辈子的研究工作。拉马克和前面讲的居维叶是同事，拉马克是皇家植物园的无脊椎动物学教授，居维叶是比较解剖学教授，一个玩进化论，一个玩灾变论，相信神创论。居维叶玩的灾变论我们已经知道了，拉马克是怎么玩进化论的呢？

在皇家植物园，拉马克用了十几年的时间，系统地研究了植物和动物，发现并提出了最早的进化论思想。经过研究，他发现生物是从低级向高级逐渐进化的，他认为有两种倾向推动了进化。一种是生物自身就有进化倾向，比如用进废退。什么是用进废退呢？以肌肉为例，运动员需要发达的肌肉，经过长时间的锻炼，他们的肌肉会越来越发达，这就叫用进，也就是用则会进化。那什么是废退呢？比如本来会飞的野鸡，经过人工饲养后会变成家鸡，家鸡不需要飞翔就可以吃到饲料，于是飞翔的本领退化了，这就是废退，也就是不用则退化。还有一种倾向是自然环境的影响，也叫作获得性遗传。比如长颈鹿，由于长颈鹿生活的环境是非洲稀树草原，稀树草原上的树很高，长颈鹿为了吃到高处的树

叶，脖子会越长越长。1809年，拉马克发表了《动物学哲学》，在这部书里他提出了用进废退和获得性遗传的进化论观点。但是，此时的拉马克还没有正式提出进化论，那进化论是谁提出的呢？

《科学城堡》的日历翻到了 1809 年 2 月 12 日。这一天，在英国一个叫希鲁兹伯里的小镇上，提出进化论的伟大的科学家达尔文小朋友出生了。

达尔文的父亲是小镇上非常受人尊重、行医 60 多年、经验丰富的医生。母亲去世得早，达尔文的两个姐姐非常照顾他。达尔文的童年多姿多彩，小朋友们可能都听说过达尔文小时候掏鸟窝、捉虫子的故事，咱们看看他在回忆录上是怎么写的："在这所日校念书的期间，我对自然史，尤其是对搜集工作方面，逐渐产生了浓厚的兴趣。我尝试给植物规定名称，搜集各种玩物，如贝壳、火漆封印、免资印纸、钱币和矿石等。我想要成为一个研究分类的自然科学家、古玩收藏家或守财奴，这种欲望已经十分强烈。"这是达尔文回忆他8岁开始上学时的情景。通过达尔文这段回忆文字，我们似乎可以看到一个活灵活现、瞪着一双大眼睛，对大自然充满好奇的小达尔文。不过，达尔文的父亲不喜欢他这样，在回忆录里，达尔文这样写道："父亲当面述说，你只知去射鸟、养狗和捕鼠，其余什么都不管，将来你会自取其辱的，也会连累我们全家的！"

16岁的时候，达尔文被不喜欢他射鸟、养狗和捕鼠的父亲送到爱丁堡大学学医。"我在爱丁堡大学度过了两个学年后，父亲察觉到（也许是从姐妹处听到），我完全没有当医生的愿望，因此就提出要我去当牧师。他义正词严，竭力反对我到处闲逛，变成一个猎人。"这也是达尔文在回忆录里讲的。在爱丁堡，他不但没有好好学习，还经常和朋友一起到野外打猎、采集动植物标本。气愤的父亲又把这个淘气的儿子送到了剑桥大学三一学院学神学。而达尔文在剑桥大学的4年学习中最大的收获不是神学，而是认识了对他后来的生活影响至深的三位学者。哪三位学者呢？第一位是当时著名的植物学家格兰特，第二位是地质学家塞奇威克，第三位是剑桥大学著名的博物学教授亨斯罗。达尔文从植物学家格兰特那里了解到了拉马克关于进化的理论。他跟地质学家塞奇威克对英国威尔士地区做了一次地质考察，从这以后这个满脑袋好奇的傻小子喜欢上了地质学。那亨斯罗教授对达尔文产生了什么影响呢？达尔文喜欢听他的课，亨斯罗教授还让达尔文登上了小猎犬号。三位学者让达尔文大大丰富了各种自然科学知识，开阔了眼界，他的好奇心也越来越强烈了。

从剑桥大学毕业以后，达尔文和地质学家塞奇威克去威尔士地区做地质考察回到家里，收到亨斯罗教授的一封信，在信上亨斯罗教授告诉他，现在有一艘叫"小猎犬号"的军舰要去南美洲考察，想去的话，他可以帮忙联系，但是需要达尔文自己支付旅行的费用。这么好的机会那肯定去啊！而且达尔文父亲不缺钱！于是经过一番周折，达尔文说服了父亲，他登上了"小猎犬号"，开始了长达 5 年的环球航行。谁也没想到的是，这五年的航行为我们带来了伟大的进化论！

　　"小猎犬号"的任务是去南美洲进行科学考察。乘着军舰去搞科学考察，听起来非常美妙又浪漫！可实际上，考察工作是极其艰苦、单调而又漫长的。达尔文刚上船的时候，还晕船，但在好奇心和兴趣的驱使下，这些困难都可以克服。在他的《小猎犬号环球航行记》里，他写了这样一段话："1832年1月16日船泊圣亚哥岛的普拉雅港，圣亚哥岛是佛得角群岛中的主岛。从海面远望，普拉雅港周围呈现一片荒凉的景象。上世纪的火山烈焰及热带炎阳的酷热，已使大部分土地不适于植物的生长。"

　　就这样，达尔文克服了种种困难，跟着考察团进入丛林，登上高山、海岛收集各种动植物标本，挖掘古生物化石，记录地层状况。达尔文每天写日记，写报

告。5 年的时间里，看得多了，总结得多了，达尔文发现，物种是随地域分布而变化的。而且，同一种物种生长在不同的环境，也会产生变化。比如在太平洋上的加拉帕戈斯群岛，他发现好几个岛上都生活着同一种燕雀，不同岛上的燕雀由于可吃到的食物不同，它们的喙长得都不一样。比如某个岛上都是比较大的果实，那燕雀的喙就会长得很大，反之喙就很小。这让达尔文产生了怀疑，如果这些是上帝创造的，上帝为什么要把同一种燕雀造出那么多不同的喙呢？于是他想到了拉马克提出的获得性遗传，就这样进化论的思想便逐渐在达尔文心里萌生了。

从"小猎犬号"5 年的环球考察回来后，为了搞清楚心中的各种疑问，达尔文在自己家里建了一个试验场。达尔文一边做各种实验，一边观察和研究。他发现，起源于野鸽的家鸽，被人类饲养后会发生变异，其中对人类有用的变异会被保留下来，对人类没有用的野性会逐渐退化。就这样家鸽沿着对人类越来越有用的方向进化了。更重要的是，达尔文从"家养状态的变异"想到"自然状态下的变异"，又联想到，这是自然选择的过程。

从"小猎犬号"上回来以后，30 多年的时间过去了，达尔文埋头于各种研究，一直没有停。进化论的思想也在达尔文的脑海里逐渐形成，并且变得越来越清晰。但此时此刻，达尔文却感到了不安。因为他这个理论完全颠覆了神创论的思想。从科学的角度来说，就算达尔文做了几十年的调查和实验，也掌握了大量可以证明生物具有进化倾向的证据，但人的一生还是太短暂了，这么短的时间是不足以把进化论这个缓慢的过程说清楚。达尔文担心的是，人们不相信他的研究，所以他总是犹豫是否出版用几十年时间研究和探索写出来的书。最终在他的好友赖尔的鼓励和催促下，才把《物种起源》送到了出版社。

在《物种起源》这本书的一开始达尔文这样写道："当我以博物学者的身份参加小猎犬号皇家军舰游历世界时，我在南美洲观察到有关生物地理分布及现代生物和古生物的地质关系的众多事实，使我深为震惊。正如本书后面各章将要讲述的那样，这些事实为解释物种起源这一重大难题提供了重要证据——物种起源曾被一位大哲学家认为是神秘的难题。"达尔文说的这位大哲学家不知是谁，但物种起源确实是一个大难题，这个难题不但神秘，而且要挑战神创论的权威！

果然像他忧虑的那样，《物种起源》一出版，马上招来了各种责难。神学家反对进化论，达尔文不感到奇怪，但责难的人里还有很多是科学界的学者。有地质学家问达尔文：岩层里的化石是什么时候开始有的，地球到底多少岁？进化论要想在地球年龄这件事上得到证实，还需要地质学家提供依据，但那时候的地质学家还做不到。面对质疑，达尔文没有放弃，他继续做实验，证明自己的论断。在《物种起源》出版以后，他又相继出版了《动物和植物在家养下的变异》《人类的由来》《人类和动物的表情》《植物的运动力》等著作。1882 年，在《物种起源》出版 23 年以后的 4 月 19 日，达尔文在家中溘然长逝。

无论达尔文的进化论遭到多少质疑和责难，《物种起源》都是一部伟大的著作，而进化论更是一个伟大的科学假设。当年让达尔文困惑的地球到底多少岁的问题，已经不再困扰达尔文了，因为现在我们已经知道，地球的历史是 45 亿年，在这漫长的时间里，地球上各种生物已经经历了进化、灭绝、再进化、再灭绝的多次循环。《物种起源》引导着大家从神的思维里走出来，用自己脑子想事儿，于是现代生物从进化论中诞生了，不断地进步和发展，一步步走到今天，走向未来。

不过，对于达尔文这个从小就喜欢掏鸟窝、抓虫子的小淘气来说，玩才是最重要的，就像他自己说的："我一生的乐趣和唯一的工作，就只是科学研究工作；它引起了一种兴奋，使我可以暂时忘却或者完全解除自己日常的不舒适。"

孟德尔

17 豌豆里发现了遗传学

什么是遗传学呢？中国有句老话：龙生龙，凤生凤，老鼠生儿会打洞。龙为啥只生龙，不会生凤？这句老话说的就是遗传学的问题。因为遗传是有规律的，龙生凤不符合遗传规律，龙生不出凤。所以遗传学就是研究遗传规律的科学。

前面我们讲了达尔文玩的进化论。进化论主要是研究一种物种，比如燕雀由于环境、食物等自然条件而产生的变化，燕雀的选择以及因为选择而发生的变异。而遗传学不但要研究同一物种的遗传规律，还要研究不同物种之间杂交以后的遗传规律，这样的遗传学达尔文没有玩过。

其实很早以前，就有人对遗传和杂交感到好奇了，比如亚里士多德就说，性状的遗传是靠血液完成的，而精液就是纯化了的血液。另外，中国从古代就有很著名的杂交动物骡子，骡子是由马和驴杂交而来的。植物杂交的品种就更多了，种果树的农民伯伯都会嫁接技术，嫁接的目的是使果树结出好吃的水果，嫁接就是植物的杂交。不过，在现代科学出现以前，科学知识都来自一双求知的双眼，靠观察、琢磨、猜测，所以还发现不了进化和遗传的规律。到了达尔文的时代，情况就不一样了，那时已有从亚里士多德等先贤那里积累起来的大量知识。有了巨人的肩膀，科学家就可以更清楚地看到和了解生物的细节了，于是他们有了新的发现：达尔文开始研究"物竞天择，适者生存"的进化论，而另一个人开始研究遗传了。这个人是谁？他就是遗传学之父孟德尔。

于是《科学城堡》的日历就翻到了1822年。孟德尔是奥地利人，1822年7月20日出生在当时属于奥地利，现在属于捷克的海因策道夫村一个贫寒的农民家庭。因为父亲是乡村的园艺师，孟德尔从小受父亲的熏陶，对植物和花卉充满了好奇。孟德尔长大以后，在家乡的修道院工作，修道院觉得这个孩子天资很好，就把他送到了维也纳大学去读书。在维也纳大学，他学习了数学、物理、化学、动物学、植物学和昆虫学等。学习期间与学校著名的科学家也有了来往。据说，他还给前面我们讲过的维也纳大学物理学院院长多普勒做过助手。1853年大学毕业以后，孟德尔回到家乡，除了在修道院做修士，同时还在一所学校当老师。一

个熟悉花草的农民家的穷孩子，经过学习，丰富了知识，这些都为他后来的科学研究打下了坚实的基础。

回到家乡的第二年，他开始在修道院的院子里做豌豆的杂交实验。孟德尔怎么会想起做豌豆杂交实验呢？这与他的好奇心和成长环境有关系。孟德尔是农民的孩子，儿童时代几乎都是在田野里度过的，所以他对田野里的庄稼、蔬菜和花草都很熟悉，也很好奇。另外，豌豆是他们家乡一种常用的食物，所以，孟德尔做豌豆实验除了出于好奇，还想培育出一种既好吃又高产的豌

豆品种，造福家乡。他自己并不知道这项豌豆杂交实验开创了人类的遗传学研究，是人类第一次伟大的遗传学实验工程。

人类第一次伟大的遗传学实验工程是怎么做的呢？孟德尔选

了 30 多种不同品种的豌豆，有矮种的、有高种的，有白皮的、有灰皮的，有果实光滑的、有果实皱皮的等。选好品种之后，孟德尔就为这些品种的豌豆进行人工授粉杂交。为什么要人工授粉呢？因为豌豆是一种自花授粉的植物，自花授粉就是雄性的花粉和雌性的花蕊长在同一朵花上，花粉落在自家雌蕊上，授粉就大功告成了。所以不同品种的豌豆之间一般不会自然杂交，要让不同品种之间的豌豆杂交，就必须人工授粉。

1859 年，当孟德尔正在做豌豆实验的时候，达尔文的《物种起源》发表了，孟德尔看了达尔文的书，还做了不少笔记。不过，孟德尔并没有把他的实验和达尔文的进化论联系起来。就这样，孟德尔的豌豆实验一做就是 8 年。这 8 年他研究了两万多株豌豆，如果不是有强烈的好奇心和兴趣，是根本坚持不下去的。

经过 8 年的实验、比对、统计，孟德尔发现，豌豆杂交以后性状的遗传是有规律的。于是孟德尔写了一篇《植物杂交实验》的报告。在这篇报告里，孟德尔总结了自己的实验，提出了植物的种子里存在一种稳定的遗传因子。孟德尔认为遗传因子控制着物种的性状。性状是每一种豌豆自带的特殊性，比如孟德尔选择的矮种、高种，白皮、灰皮，果实光滑、果实皱皮，这些就是性状。这种性状由父母双方的各一对遗传因子控制着，所以不杂交，性状不会变。但是两种不同性状的豌豆如果杂交了，那么杂交的下一代只有一方的性状会表现出来，另一方的性状不表现。

比如高种和矮种杂交，下一代要么都是高种，要么都是矮种。但是没有表现的遗传因子并没有消失，这个不表现的遗传因子会在再下一代以四分之一的比例重新表现出来，也就是会出现四分之三的高种和四分之一的矮种，或者四分之一的高种和四分之三的矮种。所以孟德尔得出一个结论，那就是物种杂交的结果是有规律的，杂交的结果可以被相当准确地预测，这就是"孟德尔遗传定律"。

孟德尔是怎么发现的遗传定律呢？他研究遗传规律是通过一套数学的统计学方法。所谓统计学方法和现代大数据人脸识别系统等统计学是完全一样的。就像牛顿把数学引入了物理学一样，他把数学引入了生物学，孟德尔是第一个把数学引入生物学的科学家。这样一来，看似无法预测的生物杂交结果，通过概率计算和统计分析，就可以得出正确的判断了。

什么是概率呢？比如小朋友们的学校，每个年级有 8 个班，每个班差不多是 50 个同学，而每个班女生是 20～22 人，男生是 28～30 人。这时候就可以说，我们年级 8 个班，女生大概占 40%，男生大概占 60%。用统计学的方法做的概率计算，得到的不是一个精确的数字，而是一个百分比。如何判断这个概率是否准确，就需要足够数量的数据样本做统计分析才行，样本量越大、越多，统计的概率越准确。所以只是一两个同学，或者一两个班的同学还做不出准确的统计，而用整个年级好几百人的大数据来做统计，这个概率就相当准确了。

孟德尔之所以要选 30 多个豌豆品种，用两万多株豌豆做实验，就是为了从大量的杂交数据中，寻找统计学的概率。所以他计算出的概率也是准确的。

不过，孟德尔不走运，他的发现在当时没有引起生物学家的注意，"孟德尔遗传定律"没有激起任何水花。这是为什么呢？原因就是孟德尔在他的实验报告里引入了统计学的概念，当时的生物学家一般还都不懂统计学，所以他的论文没有受到当时生物学家的关注。后来，孟德尔又把自己的实验报告寄给了当时非常著名的植物学家——德国的耐格里。耐格里也不懂数学，他只是草草地看了一遍孟德尔的报告，根本没在意。就这样，孟德尔的伟大发现被埋没了。做完豌豆实验以后，虔诚的孟德尔继续在修道院里做修士，后来他被推举为修道院院长，直到 1900 年去世。

1916年，孟德尔去世16年以后，有三位生物学家几乎同时发表文章声称自己独立发现了遗传定律。出版机构在核查文献时才发现，有个叫孟德尔的奥地利修士，早在35年前就写了有关遗传定律的详细报告，孟德尔的发现终于在35年以后被大家重新认识。原来孟德尔才是真正的遗传学之父。

魏格纳

18 漂泊的大陆

17 世纪由斯坦诺开创的、经过水火之争的地质学，到了 20 世纪已经有了突飞猛进的发展，地理学家已经可以画出非常精确的世界地图了。世界地图我们都看过，在地图上我们可以看到，地球表面的 70% 多都是蓝色的大海，只有不到30% 的面积是陆地，几个大洲的陆地像漂在蓝色大海上的几片树叶，而且整个地球特别像一块大拼图。有一个人在这块拼图上发现了地质学理论——大陆漂移理论。这个人是谁？他就是《科学城堡》接下来要讲的主人公魏格纳。

《科学城堡》的日历翻到了 1880 年的 11 月 1 日，这一天，魏格纳在德国的柏林出生了。少年时代的魏格纳喜欢冒险，心里总有一个去北极探险的梦。但是因为父亲的阻拦，他没能参加北极探险队，而是来到德国洪堡大学学习气象学。毕业以后，还是没有忘记探险的事儿，他和弟弟两个人驾驶着高空气球，在空中持续飞行了 52 小时，打破了当时在空中停留 35 小时的世界纪录。他还参加了一次去格陵兰岛的探险活动。玩够了以后，他来到汉堡的海洋气象台工作，同时兼任汉堡大学的教授。

那他是怎么发现大陆漂移的呢？故事还要从他一次生病时开始讲起。有一天，他躺在床上，看着墙上的一张世界地图，突然发现，地图上大西洋东西两侧的海岸线，居然像拼图一样是可以拼起来的。"任何人观察大西洋两对岸，一定会被巴西与非洲间海岸轮廓的相似性所吸引……这个现象是关于地壳性质及其内部运动的一个新见解的出发点，这种新见解就叫作大陆漂移说，简称漂移说。"魏格纳从地图上巴西和非洲之间与拼图一样的海岸轮廓发现，大西洋两岸的大地过去很可能是合在一起的一块大陆。那为什么会分开呢？看着地图，魏格纳产生了疑问。魏格纳想，难道大陆会在地球上漂移？于是大陆漂移理论逐渐在他的脑海里形成了。

现在的地图一般都是以太平洋为中心绘制的，如果魏格纳看见的是现在的地图，就不会发现这件事儿了。不过，魏格纳恰好看见的是以大西洋为中心的地图。刚开始也没有马上引起太大的注意，他自己这么说："大陆漂移的想法是我在1910年最初得到的。有一次，我在阅读世界地图时，曾被大西洋两岸的相似性所吸引，但当时我立即随手丢开了，并不认为具有什么重大意义。"那是什么原因又让魏格纳想起漂移的呢？还是像前面我们讲过的所有的科学家一样，魏格纳站在了前辈巨人的肩膀上，才发现了新的问题。

"1911年秋，一个偶然的机会，我从一个论文集中看到这样的话：根据古生物的证据，巴西与非洲间曾有过陆地相连接。"这篇论文一下让魏格纳想起了一年前在地图上看到的巴西与非洲间海岸拼图一样的轮廓，他的好奇心和信心被再次激发。于是他大胆地，首先提出了问题，创立了大陆漂移这个假说，并且为了证实这个假说，魏格纳开始了一场长达20年的研究。

魏格纳是玩气象的，不是专业的地质学家，大陆漂移属于地质学的事儿，作为气象学家，他怎么研究地质学问题呢？这也是得益于前辈巨人的肩膀。由斯坦诺开创的水火之争的地质学，发展到20世纪初已经取得了巨大的进步。那时地质学家对地球的年龄、地层的结构、岩石的性质等已经有了比较清楚的了解。而用居维叶比较解剖学方法建立起的古生物学，在20世纪初也已

大

西

洋

非洲

南美洲

经硕果累累，古生物学家对地球历史上不同时代古生物的情况有了很清晰的了解。所以，魏格纳研究大陆漂移理论，可以利用当时已经非常丰富的地质学和古生物学资料。

在研究了大量地质学、古生物学的资料以后，魏格纳发现，很多资料都可以支持他的大陆漂移说。比如地质学方面，大西洋东西两岸的巴西和南非，岩石都属于同一类型，岩石褶皱的走向也是完全一致的。这说明现在被大西洋隔开的两块大陆，曾经是连在一起的。那是什么时候分开的呢？这个问题古生物的资料可以说明。在大西洋两边的非洲和南美洲，古生物学家都发现过同一种二叠纪爬行动物二齿兽的化石。大西洋两岸都有同样的化石说明，二叠纪时非洲和南美洲还是相连的一整块大陆，二齿兽可以在这块大陆上自由地行走。二叠纪是地球地质年代古生代的最后一个纪，距今 2.9 亿到 2.5 亿年。在非洲和南美洲都发现二齿兽，说明在 2.9 亿到 2.5 亿年前非洲和南美洲还是相连的。接下来是地球地质年代中生代，中生代第一个纪叫三叠纪，从三叠纪开始，地球进入恐龙时代，但古生物学家却没有在非洲和南美洲发现过任何相似种类的恐龙化石。三叠纪是从 2.5 亿到 2 亿年前以后，这说明从 2.5 亿到 2 亿年前非洲和南美洲已经分成两块大陆了。这些地质学和古生物资料都可以证明，魏格纳的大陆漂移说是成立的。

1915 年，魏格纳的《海陆的起源》出版了，在这本书里，他正式提出了大陆漂移理论。

魏格纳的大陆漂移理论发表以后，马上引起了全世界的轰动。不过，当时大多数地质学家接受不了这个假设。《海陆的起源》出版十几年以后的 1926 年，在美国召开的一次由 14 位著名地质学家参加的会议上，只有 5 位地质学家赞成魏格纳的大陆漂移理论。不同意大陆漂移理论的人提出了一个问题，让大陆漂移的巨大的动力是从哪儿来的？

其实，魏格纳自己也早已对这个问题感到困惑。为了寻找问题的答案，魏格纳曾经去格陵兰岛做过调查。为什么去格陵兰岛呢？因为前面说的，他曾经参加过一次格陵兰岛的探险活动。在那次探险活动中，格陵兰岛上缓缓移动的巨大冰川，给他留下了极其深刻的印象。如此巨大的冰山可以缓慢地移动，那么大陆是不是也会移动呢？在他的《海陆的起源》出版以后，为了证实大陆漂移理论，他又登上格陵兰岛，希望在那里找到证明大陆漂移的证据。而在大陆漂移理论遭到部分地质学家的反对以后，为了寻找大陆漂移动力的来源，他第三次登上了格陵兰岛，并且建立了一个永久的考察站。但这次他遇上了暴风雪，加上疲劳过度，魏格纳永远地倒在了格陵兰岛上。这一年是 1930 年 11 月 2 日，那天是他 50 岁生日的第二天。

顽强的玩家魏格纳去世以后，他的大陆漂移理论也变得悄无声息了。大约过了 30 年，随着地质学的进步，地质学家们终于找到了大陆漂移的动力。动力来自哪里呢？来自后来科学家发现的地壳和地核之间的地幔内部的热对流。科学家发现，这股热对流不但可以推着陆地到处跑，同时还产生了大陆板块。从此魏格纳的大陆漂移被重新认识，并且发展成为全新的大陆板块学说。

从 17 世纪的千层饼到 18、19 世纪的水成论、火成论，到 20 世纪的大陆漂移理论，再到板块学说，这就是心怀好奇、不断探索、不断发现的，在科学精神推动下的地质学家们玩出来的地质学。

爱因斯坦

是我按下的电钮

爱因斯坦大家再熟悉不过了，他玩出的狭义相对论和广义相对论，让我们的思想又打开了一扇全新的大门，让我们走进了四维空间和光也会弯曲的空间。另外，爱因斯坦还玩了一个 E 等于 MC 的平方的质能方程式。这个方程式太厉害了，就这么一个方程，玩出一个威力巨大的大炸弹——原子弹！当然还有今天和平利用核能的核工业。爱因斯坦怎么能这么厉害呢？咱们现在就去《科学城堡》看看，《科学城堡》最后要讲的就是爱因斯坦的故事。

《科学城堡》的日历翻到了 1879 年 3 月 14 日，这一天爱因斯坦出生在德国一个犹太人家庭。

关于他小时候的事情，以及他是怎么成为一个厉害的科学家的，爱因斯坦在自述里有写道："我是一对完全没有宗教信仰的（犹太人）夫妇的儿子，但12岁以前，我仍然深深地信仰宗教。之所以12岁那年我突然中止了这种信仰，是因为通俗的科学书籍引导了我。通过阅读这些书籍，我开始质疑《圣经》的真实性。其结果就是染上了一种狂热的自由思想……这种经验给我带来延及终生的影响，那就是怀疑态度。我会对所有权威产生怀疑，敢于对任何社会环境里存在的信念完全持一种怀疑的态度。后来，由于要更清楚地弄明白因果关系，我的怀疑精神失去了原有的锋利性，不过它从未离开过我。"

爱因斯坦说他虽然出生在一个不信仰宗教的家庭，但是在12岁以前他还是非常信仰宗教的。后来，他读了通俗的科学书籍，这些书籍不但让他不再相信神，还让他产生了怀疑的态度，这种怀疑的态度伴随他一辈子没有离开过。那什么是怀疑的态度呢？其实就是我们前面在讲罗吉尔·培根、哥白尼、伽利略等科学家时讲过的质疑精神和批判精神，科学就诞生在科学家的质疑精神和批判精神中。所以，爱因斯坦成为这么厉害的科学家的最重要的原因，就是他从12岁开始的怀疑态度，也就是质疑和批判精神。

12岁以前，相信神的爱因斯坦据说很笨，功课也不好，经常被老师训斥。让爱因斯坦茅塞顿开的是一本他12岁时读的欧几里得的几何学书，他在自述里这样写道："惊奇发生在我12

岁的时候，它是由一本关于欧几里得平面几何的小书所引发的。
我在一个学年开始时得到了这本书。"12 岁的孩子（在中国应
该是小学 6 年级），可以被欧几里得几何学引发惊奇，这个孩子
笨吗？显然一点儿都不笨。大家觉得他笨，是因为他没有兴趣，
不但不笨，还是一个能玩出 E 等于 MC 的平方的质能方程式的
大科学家。

那爱因斯坦究竟是怎么玩出那个伟大的质能方程式的呢？就
是因为好奇心和兴趣。满脑袋好奇的小爱因斯坦总喜欢琢磨小孩
子不该琢磨的事儿。比如，那时候大家都对光的速度感兴趣，而
且计算出光速是每秒 30 万千米。这么快的光速让爱因斯坦的好
奇心爆棚了。他想如果人以光速运动，那这个世界会怎么样呢？

没想到这个想法就成了他研究质能方程式和伟大相对论的根。他思考这些问题的时候多大呢？16 岁！关于他怎么研究出 E 等于 MC 的平方以及相对论的具体过程，这里就不讲了，咱们还是讲原子弹的事儿。

原子弹和一般装满炸药的炸弹不一样，炸药是迅速燃烧，在一瞬间释放出大量热能；而原子弹烧的是原子，发生的是核裂变，这比任何一种炸药释放出来的热能都要强无数倍。第二次世界大战结束以前，美国在日本广岛和长崎投下了两颗原子弹。仅仅 43 秒，伴随着巨大的闪光和爆炸声，蘑菇云升腾而起，十几万人瞬间非死即伤。

你知道原子弹里发生核裂变的原子有多大吗？一个针尖儿上可以站几千万个原子。这么小的原子是怎么被发现，又是怎么变成的威力如此巨大的原子弹呢？其实很久很久以前，就有人对原子感到好奇了，只不过那时候大家不知道原子在哪儿，什么样子，那时候，原子的存在还只是一种推测。没想到，2000 多年以后，物理学家们还真的发现了原子。

原子在化学反应中是不可再分的基本微粒。不过，原子在物理反应中是可以再分割的。从物理学的角度来看，原子是由原子核和绕着原子核高速运动的电子组成的，电子运动的速度据说接近光速。除了原子核和电子，原子核还可以再分割，可以分割为

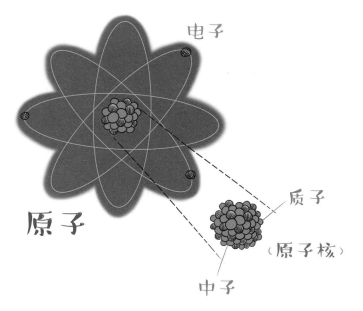

电子

原子

质子

（原子核）

中子

质子和中子，质子和中子是最小了吗？还不是，还可以继续分。原子还可以发射出各种光、无线电波和高能射线，像高能射线就有 x 射线、γ 射线、β 射线等。我们现在之所以能这么了解原子，是因为许许多多前辈在这方面的研究上做出了贡献。例如最早提出原子这个概念的古希腊哲学家德谟克利特，2000 多年后发现了 x 射线的德国物理学家伦琴（1901 年，他成为第一个诺贝尔物理学奖的获得者），还有发现了电子，并且提出原子核理论的英国物理学家汤姆生、卢瑟福，以及德国物理学家普朗克等。其中汤姆生 1906 年获得了诺贝尔物理学奖；卢瑟福 1908 年获得了诺贝尔物理学奖；普朗克 1918 年获得了诺贝尔物理学奖。这些伟大科学前辈的发现为后来的玩家们打开了原子物理学的大门。20 世纪最初的几十年，好多玩家都玩上了原子物理学，其中就有爱因斯坦。

1905 年，爱因斯坦创立了一个全新的理论——相对论，并提出了一个著名的质能转换公式：$E=MC^2$。公式里这些字母都代表什么呢？用普通话来说，E 就是能量，M 是质量，C 是光速。

整个公式的意思就是，能量 E 等于质量 M 乘以光速 C 的平方。也就是物体质量的改变，会使能量发生相应的改变，而这种相应的改变是以平方数增加的。平方是几何学的概念，以平方数增加，意思是原子一旦发生从质量到能量的转换，就会从 1 个原子变成 2 个，2 个变成 4 个，4 个变成 8 个，8 个变成 16 个，16 个变成 256 个，256 个变成 65 536 个。这就是原子的裂变反应，而发生 1 亿次裂变反应，只需要几十万分之一秒！

不过，爱因斯坦的这个公式在当时几乎没有人能看懂，也不知道它有什么实际意义。质能转换公式的实际意义最终是被两位德国物理学家搞清楚的。

20 世纪已经有很多科学家在进行原子物理的研究，做着各种实验。大概在 1938 年，一位叫哈恩的德国物理学家做了个实验，他用一个中子轰击金属铀，结果不知道从哪儿冒出来一些金属钡，还有一种惰性气体氪。他搞不清楚这些东西是从哪儿来的，就写信问另一位物理学家迈特纳。迈特纳是德国的犹太女物理学家，本来可能和哈恩在同一个实验室，但那时纳粹已经开始在德国迫害犹太人，迈特纳从德国逃到了瑞典。她收到哈恩的信后，就开始琢磨。不过她不是去做实验，而是算了起来。她先是算了铀原子核里的中子数，又算了出现的其他元素的中子数。这么一算，迈特纳发现，铀原子核里的中子数加上一个轰击的中子，正好等于一个钡原子核里的中子数加上一个氪原子核里的中子数。这是怎么回事儿呢？她还是不清楚。

有一天，迈特纳和他的外甥弗里施在树林里一边散步，一边讨论这个问题，突然弗里施说，是不是被中子炸碎的铀原子裂变成了两个新的原子呢？迈特纳一听恍然大悟，于是她马上回到实验室重新计算。根据弗里施假设计算，果然没错，一个铀原子被一个中子轰击以后，裂变为两个新的元素钡和氪。于是迈特纳和外甥弗里施一同发表了一篇论文《中子导致的铀的烈体：一种新的核反应》，在这篇论文中提出了原子裂变反应的理论。不过，他们又发现，铀原子裂变以后，总质量比裂变以前少了一点儿，少的这点质量去哪儿了呢？这时迈特纳想到了爱因斯坦的质能方程式 $E=MC^2$，少的那一点儿质量变成了能量！就这样迈特纳的发现，她提出的原子裂变反应理论为后来的原子弹，更重要的是为和平利用核能的核工业奠定了基础。

"二战"中因为受到纳粹的迫害，爱因斯坦和哈恩等科学家都到了美国，他们也把当时的原子物理带到了美国。1942 年，美国决定根据爱因斯坦、迈特纳和哈恩等的理论，实行一个叫"曼哈顿计划"的原子弹研制计划。美国政府邀请了当时几乎所有的核物理学家，不过，美国多次邀请迈特纳，她作为坚定的和平主义者没有参加这个计划，爱因斯坦也是和平主义者，他也没有加入"曼哈顿计划"。

当时大家认为德国纳粹也在试制原子弹。但是后来发现，德国原子弹研制计划被搁置，并没有进行。得知这个情报以后，科学家们认为就没必要继续研制原子弹这种大规模的武器了。于是，参加"曼哈顿计划"的科学家和爱因斯坦联名给罗斯福总统写了一封信，要求停止制造原子弹。但是，当这封信寄到白宫的时候，罗斯福已经去世了。这封信放在罗斯福的办公桌上，"曼哈顿计划"没有停止。1945 年 8 月 6 日，一颗叫作"小男孩"的，相当于 2 万吨 TNT 的原子弹在日本广岛上空爆炸。8 月 9 日，另一颗叫"胖子"的，相当于 2.2 万吨 TNT 的原子弹在日本长崎上空爆炸，几十万人非死即伤。

听到原子弹在日本爆炸的消息，爱因斯坦说："这是我一生所犯下的最大错误。"有人说，是你按下的电钮，爱因斯坦低声说："是的，是我按下的电钮……"但这能怪爱因斯坦吗？

这就是科学思维和科学技术的不同了。科学思维就是好奇，就是玩，所以科学思维不但不会伤害任何人，还会造福人类，是让人类不断走向新的文明的动力之一。但科学技术就不一样了，技术可以做好事，也可以做坏事。所以，科学技术需要用科学思维不断地做出反思和批判，这样技术才不会做坏事。

爱因斯坦说，"是的，是我按下的电钮……"，就是他的反思。什么是反思呢？反思就是质疑自己，批判自己。而爱因斯坦一生从事的科学研究和思考，就像他自己说的那样："给我带来延及终生的影响，那就是怀疑态度。"他不但以怀疑的态度对待权威，同样用怀疑的态度对待自己。

在爱因斯坦的自述里他这样写道："大多数人花毕生的时间去追逐一些毫无价值的希望和努力……参与这种追逐只是因为每个人都有个胃……通常情况下，这种追逐很可能使他的胃得到满足。当然，有思想，有感情的人例外。"爱因斯坦就是那个不为了胃，有思想、有感情的例外。那他是为了什么呢？他说："在某种意义上，思维的结果就是不断摆脱'吃惊'。"什么是吃惊？就是因为好奇而看到的宇宙和大自然！然后用自己毕生的时间去探索那个令人吃惊的宇宙和大自然。也就是两千多年前亚里士多德说的：求知。

多爷爷小课堂

　　《科学城堡》的宝贝就介绍到这里！从这些宝贝中，小朋友们学到科学精神了吗？

　　那《科学城堡》中的科学精神是什么呢？

　　这本书里讲的科学精神归根结底就是好奇、求知、观察、思考、质疑和批判。这也是本书希望小朋友们能拥有并保持一生的精神。

04
讲究秩序、
喜欢玩应用技术、
玩实用科学的古罗马人

05
奇异博士

06
巧妙地把艺术
和科学结合起来

07
宇宙的中心
不是地球，
而是太阳

09
天空立法者

10
大地像千层饼一样，
岩石都是一层一层的

08
现代物理学之父

17
遗传学之父

19
是的，
是我按下的电钮

18
大陆漂移说

	一句话描述	猜猜科学家
01	万物源于水	
02	我爱柏拉图， 但我更爱真理	
03	给我一个支点， 我可以撬动整个地球	
04	讲究秩序、喜欢玩应用技术、 玩实用科学的古罗马人	
05	奇异博士	
06	巧妙地把艺术和科学结合起来	
07	宇宙的中心不是地球， 而是太阳	
08	现代物理学之父	
09	天空立法者	

	一句话描述	猜猜科学家
10	大地像千层饼一样， 岩石都是一层一层的	
11	如果说我比别人看得远的话， 是因为我站在了巨人的肩膀上	
12	他的发明武装了人类， 使虚弱无力的双手变得力大无穷	
13	很多古生物都以他的名字命名	
14	电学之父	
15	火车汽笛声引发的思考	
16	这是自然选择的过程	
17	遗传学之父	
18	大陆漂移说	
19	是的，是我按下的电钮	

图书在版编目（CIP）数据

科学城堡 / 老多著. — 北京：东方出版社,2021.7
ISBN 978-7-5207-2133-2

Ⅰ.①科… Ⅱ.①老… Ⅲ.①创造发明 – 青少年读物 Ⅳ.①N19-49

中国版本图书馆 CIP 数据核字 (2021) 第 063528 号

科学城堡

（KEXUE CHENGBAO）

作　　者：老　多
策 划 人：王莉莉
责任编辑：王蒙蒙
产品经理：王蒙蒙
内文排版：谭　华
出　　版：东方出版社
发　　行：人民东方出版传媒有限公司
地　　址：北京市西城区北三环中路 6 号
邮　　编：100120
印　　刷：北京联兴盛业印刷股份有限公司
版　　次：2021 年 7 月第 1 版
印　　次：2021 年 7 月第 1 次印刷
印　　数：1—6000
开　　本：889 毫米 × 1194 毫米　1/16
印　　张：12.75
字　　数：150 千字
书　　号：ISBN 978-7-5207-2133-2
定　　价：89.00 元
发行电话：（010）85924663　85924644　85924641

绿色印刷　保护环境　爱护健康

亲爱的读者朋友：

　　本书已入选"北京市绿色印刷工程——优秀出版物绿色印刷示范项目"。它采用绿色印刷标准印制，在封底印有"绿色印刷产品"标志。

　　按照国家环境标准（HJ 2503-2011）《环境标志产品技术要求 印刷 第一部分：平版印刷》，本书选用环保型纸张、油墨、胶水等原辅材料，生产过程注重节能减排，印刷产品符合人体健康要求。

　　选择绿色印刷图书，畅享环保健康阅读！

　　　　　　　　　　　　北京市绿色印刷工程